汉竹编著・健康爱家系列

不用饿，吃对就能瘦

刘桂荣 主编

汉竹图书微博
http://weibo.com/hanzhutushu

江苏凤凰科学技术出版社
全国百佳图书出版单位

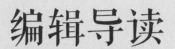

编辑导读

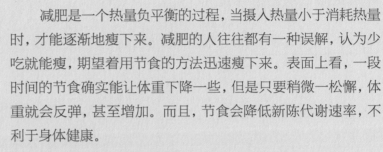

减肥是一个热量负平衡的过程，当摄入热量小于消耗热量时，才能逐渐地瘦下来。减肥的人往往都有一种误解，认为少吃就能瘦，期望着用节食的方法迅速瘦下来。表面上看，一段时间的节食确实能让体重下降一些，但是只要稍微一松懈，体重就会反弹，甚至增加。而且，节食会降低新陈代谢速率，不利于身体健康。

俗话说"三分练七分吃"，可见饮食对于减肥的重要性。然而对于食物的热量，经常有人懵懵懂懂弄不明白，对于食物的营养功效也不甚了解，没有找到适合自己的饮食方法。本书就针对这种吃得很少也瘦不下来的情况，让大家了解食物热量和相应的营养功效，让你对吃什么、吃多少、怎么吃不再迷茫。

同时，我们还提供了一周的参考瘦身食谱，让你体验慢慢减少热量摄入的过程。运用这个食谱来敦促自己合理摄入热量，坚持一段时间，你慢慢就可以知道应该怎么调整，有意识地安排自己的饮食。另外，本书还根据不同人不同的饮食喜好，给出了对应的轻断食方案，针对减肥出现的一些不良症状，给出了针对性的饮食食谱。多管齐下，教给你减肥餐的秘诀：不饿肚子，在热量不超标的情况下均衡营养，稳步减脂不反弹。

千万不要相信减肥就是几天的事情，能保持身体健康的减重方法才是正确的减肥之道。瘦身就是一场革命，归根结底是要养成一种健康的生活习惯。吃对的食物，而且还可以吃饱，选对方法，让减肥更有效。

第一章
发现减肥饮食的密码

第二章
吃对食物，不挨饿就能瘦

第三章
7 天低热量瘦身餐，好好吃饭不长肉

第四章
轻断食减体脂，瘦得更明显

第五章
不光要吃瘦，更要吃出健康

附录

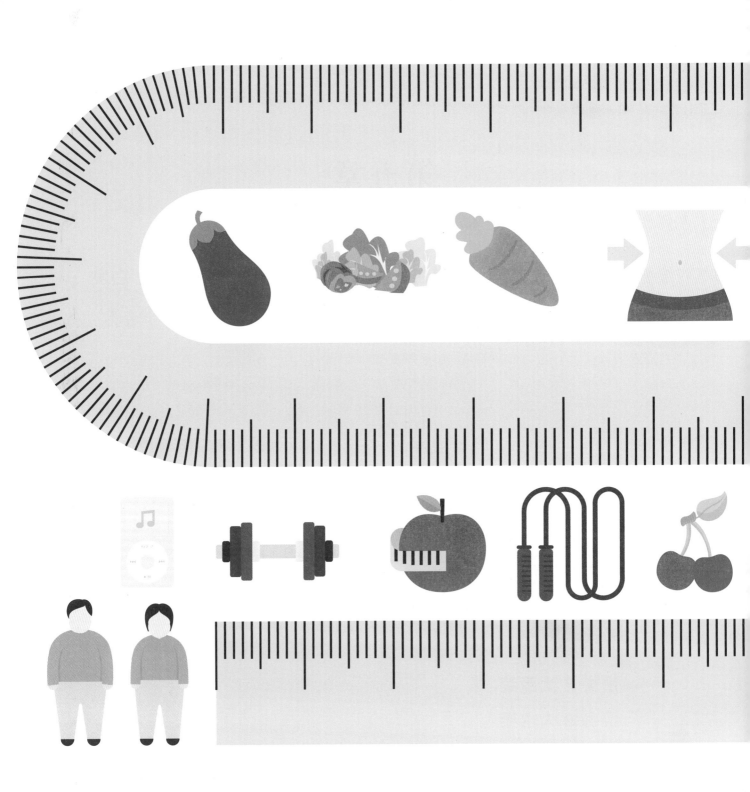

第一章
发现减肥饮食的密码

俗话说："胖是吃出来的。"不论是什么减肥方式，都需要从饮食着手。相信每个想要减肥的人都会遇到这样的问题：我应该吃什么，不应该吃什么，我应该吃多少，我应该何时进食……减肥如同自己与身体的一场战争，知己知彼才能百战百胜。你需要建立合理的饮食结构、养成良好的饮食习惯、遵循必要的饮食原则、避开饮食误区并合理摄入热量，才能在不挨饿的前提下，让体重逐级达标，达到瘦身的目的。

怎么吃才能健康减重

说到饮食减肥，不少人都会直接减少食量，这样的节食方法虽然能减掉体重，但数值也只是一时降下来而已，并不能长久保持。想要长久维持下去，就需要长期节食，而营养摄入不足会影响身体健康，很容易引发其他疾病。那么在减肥期间，怎么吃才能健康减重呢？

选择饱腹指数高的食物

在很饿的情况下，吃饼干往往吃很多还不满足，而吃黄瓜或者西红柿，只吃 1 个就不想再吃别的东西了。这是因为像黄瓜、西红柿这样的蔬菜，膳食纤维含量比较高，吃了之后不会很快被吸收掉，而是慢慢地让你的胃蠕动。这个过程需要的时间比较长，期间你一直都不会觉得饿。而像饼干这样淀粉和添加剂多的食物，很快就能被吸收，吃完没多久就饿了。

吃得很少，还让我们不觉得饿的食物，才有助于减肥。在饱腹指数中名列前茅的大都是水分多，或者膳食纤维含量高、脂肪含量低的食物，如蔬菜、水果。其中土豆是公认的饱腹指数高的食物，其次是水果、鱼类、粗粮等。

选择血糖生成指数低的食物

当食物进入体内，消化快、血糖升高快，则该食物血糖生成指数高，饱腹感差；反之，消化慢、血糖升高慢的食物，其血糖生成指数低，饱腹感强。根据食物血糖生成指数值，可将食物分为 3 种：血糖生成指数小于 55 的为低血糖生成指数食物，如玉米、粉丝、苹果、豆腐等；血糖生成指数处于 55~70 之间的是中血糖生成指数食物，如土豆、小米粥、菠萝、麦片、薯片等；血糖生成指数大于 70 的为高血糖生成指数食物，如米饭、面条、面包、蜂蜜、可乐等。

有些人在减肥时，选择多吃水果、少吃主食的方法，就是因为水果的血糖生成指数值普遍比主食的低。因此，减肥期间，应多吃血糖生成指数低的食物，多选择血糖生成指数值在 60 以下的食物。若食用血糖生成指数高的食物需注意搭配。

南瓜、红薯等食物膳食纤维含量高，脂肪含量低，吃后可以增加饱腹感。

放慢进餐速度

和朋友一起吃饭的时候仔细观察，你会发现有些体形胖的朋友会吃得很快，经常在 5~10 分钟内结束一餐，就算是吃大餐，也总是吃得又快又多。而体形正常或偏瘦的朋友通常小口小口吃饭，吃得慢、吃得少。

人的大脑与胃之间的信号传递大约需要 15 分钟，如果你在 5~10 分钟内吃完饭，胃虽说已经"吃饱"了，可是大脑还没有接收到"已经吃饱了"的信号，于是还会继续吃东西。然而，当你吃饭细嚼慢咽用了 20 分钟，哪怕只吃了平时饭量的七成，你也会感觉很饱了。所以适当放慢吃东西的速度可以减少食物摄入量。

改变进食顺序

大部分人的吃饭顺序总结起来就是主食、荤菜、素菜、汤、水果，顺序靠前的容易多吃一点。想象一下，你现在很饿，你会怎么吃？你肯定会大口地吃主食和荤菜，等食物达到胃容量的一半时再吃少量素菜，吃完素菜再喝碗汤、吃点水果，很快你就吃饱了。这样一餐下来，摄入的热量就很多了。

轻断食期间，如何缓解饥饿感？方法其实很简单——改变进食顺序。先吃点水果、喝碗汤（达到胃容量的 1/4），再吃素菜（增加到胃容量的 1/2）、荤菜（增加到胃容量的 2/3）、主食（增加到 1 个胃容量），那么，你不仅吃饱了，还觉得吃得很满足。另外，减肥期间尽量不要让自己觉得很饿或者很饱。

先吃点水果、喝碗汤
（达到胃容量的 1/4）　　　再吃素菜
（增加到胃容量的 1/2）　　　荤菜
（增加到胃容量的 2/3）　　　主食
（增加到 1 个胃容量）

六个原则帮你制定减肥餐单

饮食减肥最重要的是让身体少摄入热量，还要加速身体的新陈代谢，排出多余的脂肪。这就需要我们在日常饮食中针对热量摄入多少、热量摄入的构成比例、热量摄入的餐次分配、食物的处理方式、不同营养的分配比例等方面进行科学、合理、均衡的安排。其实，只要遵循以下六个原则，任何人都可以为自己设计减肥餐单。

原则一
早餐不可缺原则

身体在休息了一个晚上后，器官的各个机能都在苏醒，早晨正是身体迫切需要补充热量的时候。没有足够的热量支援，身体会逐渐意识到自身正在受到伤害，反而会加速吸收热量，努力把热量转化为脂肪存储起来。所以我们需要吃一顿丰富的早餐，以提供足够的燃料让身体提高新陈代谢，燃烧脂肪。而且，一顿丰富的早餐可以降低中午进食的欲望。所以对于早餐，吃比不吃要好，吃饱比吃少要好。

原则二
油、盐、糖要少原则

无论是外出吃饭还是在家做饭，都应尽量保持油、盐、糖要少的"三少"原则。

少油：烹调时应尽量少用油，用蒸、煮、炒代替油煎、油炸，可以减少油脂的摄入。

少盐：食盐的主要成分是钠，经常摄取高钠食物容易水肿，甚至患高血压。

少糖：糖除了提供热量外几乎不含其他营养素，又非常容易引起肥胖，应尽量减少食用。

原则三
少吃多餐原则

越来越多的证据表明：在减少体脂方面，少吃多餐比多吃少餐效果更好。每隔3个小时进餐一次，可以使营养物质供应更平稳，更充足，热量燃烧会更高效。这样做还能促使人们养成更健康的饮食习惯，均衡地摄入膳食纤维、蛋白质和水分。比如：早餐→早加餐→午餐→午加餐→晚餐→晚加餐（每隔3小时吃一次）。

少油、少盐、少糖的食物更健康。

原则四
适量多吃蛋白质原则

　　蛋白质在肌肉发育和修复中起主要作用，能加快运动后的肌肉复原，减少肌肉流失并促进肌肉生长，可以帮助提升体质。蛋白质还可以降低食欲，因为消化蛋白质需要的时间比较长，所以食物留在胃里的时间更长。此外，蛋白质分解后的氨基酸可以调节饱腹感，进一步抑制你的饥饿感。想要身体线条匀称，体脂率正常，蛋白质必不可少。

原则五
碳水化合物不可缺少原则

　　实际上，碳水化合物是均衡饮食中的重要组成部分，人体日常思考、运动、器官运行等都离不开碳水化合物提供的能量。控制碳水化合物的摄入量，能够减少热量的摄入，的确能够起减肥作用。但是，如果本来摄入的碳水化合物是合理的甚至偏少的，还继续减少碳水化合物的摄入量的话，不仅达不到减肥的目的，还不利于身体健康。因此，日常饮食中最少应有1/3的比例是碳水化合物，才能保证身体健康。

原则六
绿叶蔬菜随意吃原则

　　据统计，人体所需的大部分维生素都来自蔬菜。蔬菜中含有丰富的植物化学物质，如类胡萝卜素、花青素等，对人体健康非常有益。而且绿色蔬菜所含热量低，膳食纤维丰富，饱腹感强，再加上多种维生素及微量元素，绿色蔬菜成为减肥餐单的基础。此外如土豆、红薯等根茎类蔬菜也是非常棒的减肥食材。蔬菜的做法尽量要健康，可以水煮、凉拌，当然也可以用低油、低温、低盐进行焖炒。

蛋白质可以促进肌肉生长，塑造身体线条。

多吃绿叶蔬菜可补充多种维生素。

减肥期间每天摄入多少热量合适

人一天需要摄入热量的多少没有统一的标准，要根据每个人的体重和活动量来计算，影响的因素主要是劳动强度、年龄大小、气候变化、体形、体重和健康状况。一般来说，成人每天至少需要 1 500 千卡（约 6 279 千焦）能量，这是因为即使躺着不动，身体仍需要能量来保持体温、心肺功能和大脑运作。

其中，蛋白质摄取量应为人体每日所需热量的 10%~15%；碳水化合物摄取量应不少于人体每日所需热量的 55%；脂肪的摄取量应不超过每日所需热量的 30%。此外，每天摄取的盐不应超过 6 克，膳食纤维每天的摄取量应不少于 25 克。

怎么来计算每天需要摄入多少热量

人体每天所需的热量与体重、身体活动程度有关，一般而言，一个 60 千克的人，在休息状态时，一天需要 1 500~1 600 千卡（6 279~6 698 千焦）热量；如果是中等活动量，一天需要 1 800~2 000 千卡（7 535~8 372 千焦）热量。但是如何计算每天的热量摄入标准却是一件麻烦事。在此介绍一种简易的计算方法，用起来十分方便。

注：本书热量单位采用千焦，其中 1 千卡 =4.186 千焦。

如果目标是减少脂肪，那么将你现在的体重（千克）乘以 20、22 或 24（20 表示你的新陈代谢速度较慢，22 代表中等，24 代表较快）。如果你的目标只是增加肌肉（或者只是轻微地减少脂肪），那么将你的体重乘以 26、28 或 30（26 表示你的新陈代谢速度较慢，28 表示中等，30 表示较快）。

例如，一位体重 65 千克，新陈代谢速度中等的女性，她想慢慢地增加肌肉并且去除脂肪。在这种情况下，她的热量日摄入量应该为：65×28=1 820 千卡（约 7 618 千焦）。而一位新陈代谢速率较快，体重为 100 千克的男性，如果他的目的只是想增加肌肉的话，那么他的热量日摄入量应该为：100×30=3 000 千卡（约 12 558 千焦）。

要想瘦身，不仅要控制热量摄入，还要提高基础代谢率，消耗热量。当消耗的热量超过摄入的热量时，身体就需要燃烧脂肪来提供能量，这样就能达到很好的瘦身效果。需要提醒大家的是：如果感觉减肥进度停滞不前或者是达到目标有困难的话，可能需要调整热量摄入量，调整量一般为 50~100 千卡（210~419 千焦）。

怎样的减肥速度既能减脂还不伤身

　　一般认为健康的减肥速度为每三个月减5%~10% 的体重，在没有外力（如使用中药、瘦身产品、手术）的作用下，健康减肥的标准是一周瘦0.5~1 千克。减肥速度过快，每周减重超过 1 千克，则减的更多的是水分或者肌肉，可能产生的健康风险就会随之增加。同时减肥目标过高，容易因目标不能达成而产生挫折感，致使减肥行为不能坚持而失败。当然，如果体重基数比较大，或者属于水肿性肥胖等，减肥速度可以适当提升，可以通过专业人员的指导，得到一个比较适合的减肥速度。

　　以每周减掉 0.5 千克体重为例，是减掉身体中的脂肪，因此理想的情况每天需要 500 千卡（约2 093 千焦）的赤字，所以在饮食减肥过程中，除了遵循少油、少盐、少糖的基本原则外，还需要了解各种食物的热量，并严格控制食物的摄入量。另外，不要认为摄入的热量越少越好，每日摄入的热量要大于 1 200 千卡（5 023 千焦），以满足正常的生命活动。要使减肥有效，需要知道自己每天需摄入多少热量，做到不挨饿也能瘦。给自己设定好目标，一步步来，小蛮腰、马甲线统统都会有的！

减肥餐既要清淡少油，又要保证摄入适当的热量。

减肥饮食的八种误区

很多减肥人士每天不变的主题就是"我要减肥，我要瘦"，然而很努力却不见成效，这要么是训练不得法，要么就是盲目挨饿。要知道，人在极度饥饿的时候流失的 80% 是肌肉，而非脂肪。此外，在减肥过程中还会出现种种误区，而饮食的误区占绝大多数。下面我们就来细数八种常见的减肥饮食误区。

误区一 只关心什么不能吃

很多人在最初确定要减肥时，都只会关心什么是不能吃的，比如糖、点心、饮料等。如果因为减肥杜绝了很多人体必需的营养素，会造成营养的不均衡。其实更正确的方法是发掘什么是可以多吃的，去发现一些营养好又美味低热量的"超级食物"，以健康饮食为前提，减肥才能达到目的。

误区二 膳食纤维的摄取不足

膳食纤维热量低、体积大，需要较长时间来消化，容易产生饱腹感，可以减少热量的摄取，同时膳食纤维减少了摄入食物中的热量比值，还会增加肠道蠕动的效率，有助于脂肪排出体外，减少脂肪的积聚。膳食纤维主要存在于粗粮、豆类、蔬菜、水果中，多吃些富含膳食纤维的食物能让减肥更加有效。

误区三 吃东西时不专心致志

很多人都有一边看电视一边吃东西的习惯，这叫下意识进食。看电视时吃东西会让你无法控制进食的分量。如果你在看电视时吃的东西能量很高，比如点心、糖果或者瓜子等，那吃进去的热量也会很多。所以请坐在餐桌前专心致志地吃东西，这样能让你控制自己吃东西的分量，减少热量的摄入。

误区四 情绪化进食

所谓情绪化进食，就是自己并不饿，但是因为情绪上的原因（如焦虑、沮丧、愤怒、悲哀、压力大等），多吃了很多东西。如果已存在这样的情况，可以尝试着用运动来调节情绪，出去散散步或者跟朋友谈谈心……总之，合理管理自己的情绪，不仅能让你避免暴饮暴食，也能让你远离亚健康状态。

误区五 完全不吃脂肪

减肥人群谈及脂肪如谈虎色变,以为脂肪是肥胖的万恶之本,一定要完全杜绝脂肪类食物。其实一切抛开摄入量谈减肥的方法都是不正确的。脂肪吃得太少,容易出现皮肤松弛无光泽、大便干燥粗硬甚至便秘等问题。所以即使在减肥,也应该适量吃些脂肪,坚果、植物油、鱼、大豆和乳制品等都是很好的选择。

误区七 "全要或者全不要"的态度

很多人在减肥时经常抱有全要或者全不要的态度,比如抛弃碳水化合物或者肉,这样会导致营养不均衡。比起完全抛弃喜欢的食物,不如想想如何用它们设计一个健康的饮食方案。比如,你可以用全麦面包、烤鸡肉、生菜和西红柿做一个健康的三明治。

误区六 外出就餐放纵自己

一旦有了一定的减肥效果,很多人都禁不住要外出就餐,放纵一下自己。殊不知一般的餐厅都会为了让食物更加美味而加入更多的油脂和调料,味精、淀粉、脂肪的摄入量会增加,从而大大增加了摄入的热量。所以外出就餐时也要带着健康减肥的信念选择自己想吃的美食,限量进食,才能成功减肥。

误区八 没有喝足量的水

很多人在制订减肥饮食计划时会忽略最重要的水。饮用足够多的水不仅能提高新陈代谢的速率,还能改善便秘,通便排毒。研究表明,吃饭前喝水或者吃含水量高的沙拉或者汤可以帮助减少食量。

第二章
吃对食物，不挨饿就能瘦

想要维持合理的体重、避免肥胖，或者想不挨饿就瘦下来，首先要选对食物。每一种食物所蕴含的营养，进入人体后对人体的作用方式，都有其独特之处。了解常见食物的营养价值，能让你更充分地了解饮食，在保证补充自己所需营养的同时，让自己保持身体健康，心情愉悦，慢慢瘦下来。

蔬菜类

蔬菜的热量普遍很低，其中还富含大量的膳食纤维，不仅能使我们的肠道通畅，还能帮助我们增加咀嚼次数，延缓胃的排空速度，减慢餐后血糖的上升速度，极大增强了饱腹感，让你轻松控制热量还不用挨饿。

胡萝卜　133 千焦[1]

胡萝卜含有碳水化合物和膳食纤维，碳水化合物可以增加饱腹感，而其中富含的膳食纤维也能帮助女性减肥，因为膳食纤维不但能够加速人体的新陈代谢，还能抑制人们对甜食和油腻食物的吸收。

这样吃才不胖

生吃、凉拌或者蒸炖的方式更适合减肥女性。

推荐菜谱：胡萝卜炖牛肉

注①：本书标注的食材热量均为 100 克可食用部分的热量。

竹笋　96 千焦

竹笋具有低脂肪、低糖、高膳食纤维的特点，食用竹笋不仅能促进肠道蠕动、助消化、去积食、防便秘，还有预防大肠癌的功效。竹笋含脂肪、碳水化合物很少，属天然低脂、低热量食品，是肥胖者减肥的佳品。

这样吃才不胖

避免油焖、烧制等制作方法，若是清炒，将锅斜放控油后再装盘。

推荐菜谱：青蛤竹笋豆腐汤

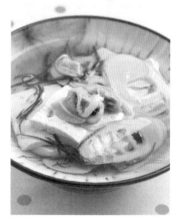

芹菜　93 千焦

芹菜味道清香，含有大量水分和膳食纤维，用来做馅料、凉拌菜等低油低热的食物，能够增强饱腹感，帮助轻松瘦身。

芹菜可以清炒或凉拌，清淡爽口。

青椒 91 千焦

青椒所含的辣椒素可刺激唾液和胃液的分泌，增加食欲，促进肠道蠕动，帮助消化，还能促进脂肪的新陈代谢，防止体内脂肪积存，利于降脂减肥。

青椒有利于促进消化吸收。

冬瓜 43 千焦

冬瓜具有利尿的功效，能排出水分，减轻体重。另外，冬瓜中基本不含脂肪，碳水化合物的含量也较低，不用担心其转化为脂肪。

冬瓜适宜做汤、蒸制食用，有助于降低体重，但应注意烹饪时避免放盐过多，以免引起水肿。

西红柿 62 千焦

西红柿是热量低、含水量极高的蔬菜，也可以在减肥期间当作水果食用。 西红柿含有维生素 A，可以保护视力、修复晒伤的皮肤。西红柿的吃法很多，可以当零食，也可以当主菜。

这样吃才不胖
凉拌时，要少放调味料。
推荐菜谱：凉拌西红柿

↓95%
芹菜中水分含量占 95%，而水分是没有热量的，作为晚餐食用，就可以轻松做到不挨饿也能瘦。

你吃对蔬菜了吗

很多人通过吃低热量的蔬菜进行减肥，但是你真的吃对了吗?

• **蔬菜不要配沙拉酱:** 大多数沙拉酱的脂肪含量都在 70% 以上，而且都是饱和脂肪。建议用酸奶或者甜面酱替代沙拉酱，酸奶还能补充蛋白质和钙。

• **不能只吃蔬菜:** 只吃蔬菜，易导致蛋白质及其他营养元素的缺乏。过量的膳食纤维会影响矿物质的吸收，长期这样吃容易伤到脾胃等脏器，导致脂肪代谢受阻，形成易胖体质。

菠菜 116 千焦

菠菜富含钾、铁和维生素 C 等，其中，铁与维生素 C 搭配能提高吸收率，有助于改善贫血症状。菠菜还含有大量的膳食纤维，可以帮助排出肠道中的有毒物质，可润肠通便，能够缓解便秘，有利于减肥。

这样吃才不胖

急火快炒，损失维生素 C 最少。

推荐菜谱：胡萝卜丝炒菠菜

胡萝卜丝炒菠菜

原料： 菠菜 100 克，胡萝卜 100 克，蒜末、盐各适量。

做法：

1. 菠菜洗净切段，胡萝卜洗净切丝。

2. 水烧沸后放入菠菜焯至八成熟，捞出沥干水。

3. 油锅烧热，放入蒜末炒香，放入胡萝卜丝，再加入菠菜段翻炒，最后放盐炒匀即可。

营养不长胖： 菠菜、胡萝卜都富含维生素和膳食纤维，在补充营养的同时还有助于消化。

白菜 82 千焦

白菜含有丰富的膳食纤维，可增强肠胃的蠕动，减少粪便在体内的存留时间，加强消化吸收功能，能够润肠通便，减少体内毒素堆积。白菜中所含的果胶可以帮助人体排出多余的胆固醇。白菜几乎没有禁忌，大部分人群都可以食用。白菜的热量和脂肪含量都极低，是减肥佳品。

木耳菜 97 千焦

木耳菜富含维生素 C 和蛋白质，尤其是钙、铁等元素含量较高，可以保证营养的均衡，经常食用有降血压、防便秘的功效，是适合减肥期间食用的蔬菜。

这样吃才不胖

炒制木耳菜时，加热时间过长会产生黏液，应大火快炒。

推荐菜谱：木耳菜鱼片汤

↓90%

白菜的含水量高于90%，所含热量极少，不会因热量超标而导致脂肪堆积在体内。白菜富含维生素 C 和维生素 E，多吃对养颜美容有好处。

卷心菜 101 千焦

卷心菜富含的维生素 C，具有很强的抗氧化作用，能降低体内血清胆固醇和甘油三酯水平。卷心菜中的维生素 U 能修复肠胃溃疡，确保肠胃的正常运作。卷心菜水分含量很高，热量很低，很适合在减肥期间食用。

卷心菜富含维生素 C 和水分，热量低，有助于控制体重。

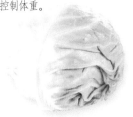

空心菜 77 千焦

空心菜中主要的营养成分是维生素 C、磷、钠及糖类等，维生素 A 含量超过西红柿数倍。它的膳食纤维含量也比较丰富，具有促进肠蠕动、通便解毒的作用，能预防肠道内的菌群失调，常吃可以减肥瘦身。

空心菜富含膳食纤维，可以促进肠蠕动，加快脂肪代谢。

豇豆 135 千焦

豇豆含有丰富的植物蛋白，被称为"蔬菜中的肉制品"。对于减肥人群来说，如果不想吃太油腻的食物，又怕缺少蛋白质，不妨多吃一些豇豆来补充体内的蛋白质，而且豇豆有促进糖代谢的作用，是糖尿病患者的理想食品。

这样吃才不胖

 尽可能选择凉拌、大火快炒等方式烹饪。

推荐菜谱：凉拌空心菜
（见第 161 页）

豇豆是维生素 A 和钾含量较高的一种蔬菜，有助于清除体内"垃圾"，同时热量较低，减肥时可较多食用。

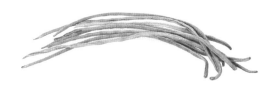

处理绿叶蔬菜方法须知

绿叶蔬菜的保鲜时间较短，你需要这样来处理和保存。

- **生食要用盐水洗**：最好将洗好的蔬菜放到淡盐水中浸泡 10~15 分钟，可以杀菌。

- **保存绿叶蔬菜**：将蔬菜的根部浸入水中，可以让蔬菜保鲜到次日。先晾干蔬菜，然后除掉腐烂的叶子，再将其放入塑料袋中，扎紧袋口，置于阴凉通风的地方，可以让蔬菜保鲜 2~3 天。

丝瓜 82 千焦

丝瓜中所含的膳食纤维、皂苷和黏液能促进肠道蠕动，有利于大便通畅，能预防便秘，清理人体肠道中堆积的脂肪和毒素。丝瓜中含丰富的维生素和钙、磷、铁等矿物质，可避免因节食导致的营养素缺乏。丝瓜热量低，水分多，适合在减肥期间食用。

这样吃才不胖

油、盐要少用，
保持清淡。

推荐菜谱：鲫鱼丝瓜汤

鲫鱼丝瓜汤

原料： 鲫鱼 1 条，丝瓜 100 克，姜片、盐各适量。

做法：

1. 将鲫鱼去鳞、去鳃、去内脏，洗净，切小块；丝瓜去皮，洗净，切段。

2. 锅中放入清水，把丝瓜段和鲫鱼块一起放入锅中，再放入姜片，先用大火煮沸，后改用小火慢炖至鱼熟，加盐调味即可。

营养不长胖： 鲫鱼富含优质蛋白，丝瓜富含维生素 C、膳食纤维，食用后有润肤、控制体重的功效。

洋葱 169 千焦

洋葱具有很好的保健功效，其富含硒、磷、钙等营养素，具有防癌抗衰老、刺激食欲、帮助消化的作用。而且洋葱几乎不含脂肪，热量也较低，适合减肥人群适量食用。

洋葱不仅可以减肥，还有多种保健功效。

这样吃才不胖

洋葱易熟，宜大火快炒。

推荐菜谱：洋葱牛肉丝

黄瓜 65 千焦

黄瓜不仅热量低，还可抑制糖类转化为脂肪，肥胖的人常吃黄瓜有减肥的效果。黄瓜还含有膳食纤维，可促进胃肠蠕动，增加排便，降低胆固醇的吸收。

白萝卜 67 千焦

白萝卜热量低，脂肪含量少，而且富含膳食纤维、维生素等营养成分，可以促进消化，减少脂肪的吸收。白萝卜所含的天然芥子油，具有促进脂肪类物质新陈代谢的作用，可避免脂肪在皮下堆积。白萝卜中的酶则能够帮助分解食物中的淀粉，化解胃中的积食，起到很好的助消化效果，有利于减肥。

95%

黄瓜 95% 的成分都是水，钾元素含量丰富，能够消除水肿、驱赶倦意。

四季豆 131 千焦

四季豆含有丰富的膳食纤维和不饱和脂肪酸，矿物质和维生素含量也比较高，经常食用可健脾胃，增进食欲。它所含的皂苷、尿毒酶和多种球蛋白等成分，有提高人体免疫力、增强抗病能力的功效。四季豆中的皂苷类物质能降低脂肪吸收功能，促进脂肪代谢，所含膳食纤维还可加快食物通过肠道的时间，可减肥、轻身。

苦瓜 91 千焦

苦瓜含有的膳食纤维可以减少人体对食物中脂肪的吸收。另外，苦瓜含有的少量有机酸，可以促进钙和磷的吸收，保护维生素 C 不被分解，而苦瓜富含的维生素 C 可以加速脂类的代谢，加上其糖和脂肪含量非常低，因此非常适合肥胖者食用。

这样吃才不胖

凉拌时，少放盐和调味料。

推荐菜谱：苦瓜拌芹菜

四季豆富含膳食纤维和不饱和脂肪酸，可健脾胃，促消化。

蔬菜搭配要合理

蔬菜中含有丰富的维生素、矿物质和植物化学物质，找到适合的食物进行搭配，营养更全面。

• **与大蒜搭配食用：** 绿叶蔬菜很适合清炒，清炒时放点蒜末，不仅可以调节口味，还能杀灭胃肠中的有害菌，更利于胃肠健康。

• **与富含蛋白质的食物搭配：** 绿叶蔬菜营养丰富，但缺乏蛋白质，与瘦肉、鸡蛋等富含蛋白质的食物搭配食用，营养更均衡，也更容易被胃肠接受。

生菜 51 千焦

生食生菜可以最大限度地保留生菜的营养，对"三高"人群来说是最好的吃法。生菜还富含膳食纤维和维生素 C，有清除体内多余脂肪的作用。

生菜每 100 克食用部分含水量可高达 96%，故生食时清脆爽口。生菜的热量极低，有"减肥生菜"的美誉。

蒜蓉茼蒿

原料：茼蒿 200 克，蒜末、香油、盐各适量。

做法：

1. 茼蒿洗净，切段，用开水略焯，捞出后入凉开水中过凉。

2. 油锅烧热，放入蒜末略翻炒。

3. 将蒜末撒在茼蒿段上，加香油、盐搅拌均匀即可。

营养不长胖：茼蒿含有胡萝卜素，对眼睛很有好处，还有养心安神、稳定情绪、降压补脑、缓解记忆力减退的功效，还能有效控制体重。

茼蒿 98 千焦

茼蒿中含有较多的钾等矿物盐，能调节体内水液代谢，通利小便，消除水肿。茼蒿中的膳食纤维可增强胃肠蠕动，有助于促进消化和降低胆固醇。茼蒿还有促进代谢的作用，有助于脂肪的分解。

这样吃才不胖

建议汆汤或凉拌，低脂低热。

推荐菜谱：蒜蓉茼蒿

西蓝花 111 千焦

西蓝花中的膳食纤维含量较高，在胃内吸水膨胀，可使人产生饱腹感，有助于减少食量，对控制体重有一定作用。减肥的时候多吃些西蓝花，可以快速降低每餐热量，轻松瘦身。

吃蔬菜有讲究

现在不少人为了追求健康生活，就一直秉持"多吃蔬菜"的原则。但其实吃蔬菜也是有讲究的。

• **宜先洗后切：**先洗后切可以减少蔬菜与水和空气的接触面积，减轻被氧化的程度。

• **烹调时要采用大火快炒方式：**绿叶蔬菜中的维生素大多是水溶性维生素，在烹制过程中可能会流失，而大火快炒能最大限度地减少营养素的流失。

茄子 97 千焦

茄子是为数不多的紫色蔬菜之一，在它的紫皮中含有丰富的花青素。茄子不仅含有蛋白质、钙、磷、铁，还有丰富的维生素和碳水化合物，对于降血脂、降低胆固醇都有着积极的作用。茄子中丰富的膳食纤维也有很好的减脂作用。

这样吃才不胖

茄子易吸油，凉拌、蒸、煮的烹饪方式更适合减肥人群。

推荐菜谱：芝麻酱蒜泥茄子

芝麻酱蒜泥茄子

原料： 茄子1根，香油、芝麻酱、盐、大蒜各适量。

做法：

1. 茄子洗净，去皮切条，入蒸锅蒸熟。

2. 趁蒸茄子的工夫，把大蒜用蒜夹或捣蒜器制成蒜泥。

3. 将芝麻酱和水调在一起稀释后，连同蒜泥、香油、盐，一起浇在茄子上即可。

营养不长胖： 茄子可以补充蛋白质、钙、铁等营养，蒜能杀菌，而芝麻酱富含钙，适量食用不用担心长胖。

韭菜 102 千焦

韭菜富含大量的维生素和膳食纤维，能促进胃肠蠕动，使肠胃通畅，是出名的"洗肠菜"，有较好的减肥功效。

↓85%

韭菜的含水量高达85%，热量较低，富含铁、钾等营养物质，一直有"菜中之荤"的美称。

油菜 57 千焦

油菜属十字花科植物，有抗氧化、防癌抗癌的功效。油菜富含的维生素和矿物质能增强机体免疫力，有降脂化瘀、排毒防癌的作用。膳食纤维能促进肠道蠕动，缩短粪便在肠腔停留的时间，利于减肥。

这样吃才不胖

现切现做，急火快炒，尽量少破坏营养成分。

推荐菜谱：香菇油菜

苋菜 146 千焦

苋菜富含易被人体吸收的钙、铁等营养物质，可为人体提供丰富的营养，有利于强身健体，提高机体的免疫力，有"长寿菜"之称。苋菜还是减肥餐桌上的主角，常食可减肥轻身，促进排毒，防止便秘。

这样吃才不胖

可炒、炝、拌、做汤、下面和制馅，但是烹调时间不宜过长。

推荐菜谱：凉拌苋菜

凉拌苋菜

原料：苋菜 200 克，蒜末、盐、生抽、香油、葱花各适量。

做法：

1. 苋菜洗净，切段，用开水略焯，捞出后入凉开水中过凉。

2. 将蒜末、生抽、盐、香油混合调成调味汁。

3. 苋菜沥干水分，放入调味汁，撒上葱花拌匀即可。

营养不长胖：苋菜所含钙质极易被人体吸收，非常适合用来补钙。且凉拌苋菜热量低，多吃也不会长胖。

南瓜 97 千焦

南瓜富含果胶，能保护胃肠道黏膜，促进食物的吸收和消化，消耗掉身体内多余的脂肪，同时，它还具有降低血糖、促进胰岛素分泌的功效，对瘦身帮助很大。

莲藕 200 千焦

莲藕的脂肪含量比较低，蛋白质含量比土豆稍高。莲藕中含有维生素和微量元素，尤其是维生素 K、维生素 C，铁和钾的含量较高。莲藕中含有黏液蛋白和膳食纤维，能促进脂肪的排出，从而减少脂类的吸收。

这样吃才不胖

莲藕略焯过水能去除表面的多余淀粉。

推荐菜谱：凉拌藕片

南瓜热量低且富含膳食纤维，能促进肠道蠕动，增强消化能力，通便利尿，清理肠道，帮助减肥。

西葫芦 79 千焦

西葫芦中所含的水分、膳食纤维及 B 族维生素可以润泽肌肤。而碳水化合物和钙、钾等矿物质可调节人体代谢，有减肥的功效。

这样吃才不胖
大火快炒，避免营养流失。
推荐菜谱：西红柿炒西葫芦

彩椒 109 千焦

彩椒颜色多样，营养价值丰富，味道不辣或微辣，且热量较低，不仅可以熟吃，也非常适合生吃，和其他蔬菜拌食，营养丰富又有助于控制体重。

替代主食的蔬菜

在减肥饮食中可适量用富含淀粉的蔬菜替代主食。

• 食用富含淀粉的蔬菜：像山药、莲藕等食物的淀粉含量是普通蔬菜的近 5 倍甚至更多。如果餐单里有了这些蔬菜，宜减少主食摄入。

• 合理搭配食用：除了建议用一些淀粉类蔬菜替代一部分的主食外，需搭配其他蔬菜食用。蔬菜中含有大量的膳食纤维，能促进肠蠕动，有利于粪便排出，使减肥更有效。

山药 240 千焦

山药的饱腹感较强，在减肥期间可以适量替代主食，帮助减少进食量，达到减肥瘦身的目的。

这样吃才不胖
做甜点时宜稀释调味品。
推荐菜谱：紫薯山药球

紫薯山药球

原料：紫薯、山药各 100 克，炼乳适量。

做法：

1.将紫薯、山药分别洗净，去皮，蒸熟后压成泥。

2.将炼乳混入适量蒸紫薯的水稀释，然后和紫薯山药泥一起混合均匀。

3.最后用模具定型即可。

营养不长胖：山药和紫薯中的膳食纤维含量都很高，食用后能清肠排毒，且能增加饱腹感，有利于控制体重。

金针菇 133 千焦

金针菇是一种高钾低钠食品，具有高蛋白、低脂肪、多糖、富含多种维生素的营养特点，同时含有大量的膳食纤维，可以降低胆固醇，促进胃肠蠕动，适合高血压患者、肥胖者和中老年人食用。金针菇的热量很低，是不可多得的天然减肥食品。

这样吃才不胖

少加调味料，低热量又营养。

推荐菜谱：金针菇拌黄瓜

菌菇的瘦身吃法

菌菇属于"耐饿蔬菜"，热量低且富含膳食纤维，吸脂能力超强，将菌菇搭配其他减肥食物做成瘦身汤，不仅美味加倍，吸脂效果更是升级了不少。

• **替代肉类**：菌菇低热量又有嚼劲，多吃可有饱腹感。在料理时可用菌菇类替代肉类，减少热量的摄入。

• **煮鲜菇汤**：用各式菌菇煮成鲜菇汤，就成了分量十足的瘦身轻食。各式菌菇有不同口感，慢慢咀嚼，慢慢品尝，也可以消耗许多热量。

平菇 101 千焦

平菇富含的膳食纤维可以有效地帮助肠胃蠕动，从而清除肠内的废物，有利于缓解便秘。平菇还能促进体内脂肪和血液中胆固醇的分解，从而加速新陈代谢，减少体内积存的脂肪，从而达到减肥的效果。

这样吃才不胖

素炒或做汤，少油且饱腹。

推荐菜谱：平菇蛋花汤

草菇（鲜） 112 千焦

草菇能促进新陈代谢，提高机体免疫力，还能延缓人体对碳水化合物的吸收，是适合糖尿病患者的食物。草菇还具有解毒作用，如铅、砷、苯等进入人体时，草菇可与其结合，随小便排出，因此，草菇是优良的药食兼用型营养保健食品。

香菇（鲜）
107 千焦

香菇富含蛋白质和膳食纤维，可降低胆固醇，补充钙质。香菇还可抑制血清和肝脏中的胆固醇增加，有阻止血管硬化、降低血压和减肥的作用，是减肥者很好的食品。

香菇可以补钙，
降低胆固醇。

⚘**44%**
草菇富含的氨基酸有18种，其中就有8种人体必需氨基酸，约占草菇氨基酸总含量的**44%**。

黑木耳（干） 1 107 千焦

黑木耳中的卵磷脂可以乳化脂肪，有利于脂肪在体内的分解，此外还能带动体内脂肪运动，使脂肪分布合理，形体匀称。黑木耳所含的膳食纤维可以促进肠蠕动，加速脂肪代谢，有利于减肥。

黑木耳具有一定的吸附能力，可以清涤胃肠，排出毒素，防止肥胖。

口蘑 1 162 千焦

口蘑营养丰富，常吃能提高身体免疫力，延缓衰老。口蘑的维生素和矿物质的含量丰富，常吃口蘑的人身体的抗病能力往往会更强。口蘑中的膳食纤维能促进排毒，预防糖尿病和大肠癌。而且口蘑属于低热量食物，可以防止发胖。

这样吃才不胖
不宜放味精或鸡精，以免损失原有的鲜味。
推荐菜谱：口蘑肉片

口蘑肉片

原料：猪瘦肉100克，口蘑60克，葱末、盐、香油各适量。

做法：

1. 猪瘦肉洗净后切片，加盐拌匀；口蘑洗净，切片。

2. 油锅烧热，爆香葱末，放入猪瘦肉片翻炒，再放入口蘑片炒匀。

3. 最后加盐调味，滴几滴香油即可。

营养不长胖：口蘑口感软滑，富含矿物质和膳食纤维，在补充营养素的同时还可预防便秘，控制体重。

水果类

　　水果中含有一个"水"字，其水分含量通常会比较高，多汁且主要味觉为酸味和甜味。水果的脂肪含量通常在 1% 以下，甚至有的低到了 0.2% 左右。此外，水果的淀粉含量很低，蛋白质含量又很少，如果用水果来替代诱人的饼干、甜点，甚至替代一部分米饭、馒头，是很有利于减肥的。

苹果 227 千焦

　　苹果是一种低热量、高纤维的食物，而且富含各种人体必需的维生素，能调节人体机能，避免热量转化为脂肪在体内堆积，有助于减肥。另外，苹果中大量的钾元素有助于将人体多余盐分排出体外，有助于减肥。

苹果低热量，高纤维，能加速脂肪代谢。

香蕉 389 千焦

　　香蕉含有丰富的蛋白质、钾、维生素 C 和膳食纤维，香蕉中碳水化合物含量也很高，很容易让肠胃有饱足感。香蕉还有促进肠胃蠕动、润肠通便，润肺止咳、清热解毒，助消化和滋补的作用。香蕉非常容易消化和吸收，瘦身效果极佳，是减脂期必备的水果之一。

这样吃才不胖

除了单独吃，香蕉配合酸奶能很快消除饥饿，营养又饱腹。

推荐菜谱：香蕉酸奶昔

火龙果 234 千焦

　　火龙果含有蛋白质，能自动与人体内的重金属离子结合，通过排泄系统排出体外，起到解毒的作用。火龙果中的维生素和膳食纤维能促进肠胃蠕动，其果肉含果糖和蔗糖少，它所含的天然的葡萄糖更适合人体吸收，是理想的减肥水果。

芒果 146 千焦

　　芒果中的维生素 C 能抑制黑色素的形成，保持皮肤滋润。此外还含有丰富的钾元素和膳食纤维，能够促进肠胃蠕动，保护肠道健康，适合减肥期间食用。

芒果富含膳食纤维和维生素 C，瘦身又美容。

柠檬 156 千焦

柠檬含柠檬酸、苹果酸等有机酸，摄入后可以抑制脂肪积聚，预防肥胖。柠檬还含有维生素 C、维生素 B_1、维生素 B_2 等多种营养成分，可有效地促进肠胃中蛋白质的分解，增加胃肠蠕动，有助消化吸收和瘦身减肥。

这样吃才不胖
柠檬切片泡水，有助于消化，减少脂肪堆积。
推荐菜谱：柠檬水

猕猴桃 257 千焦

猕猴桃的维生素 C 含量在水果中名列前茅，其中的蛋白酶有助于消化高蛋白食物。猕猴桃的热量较低，含有丰富的可溶性膳食纤维，不仅能够促进消化吸收，更易产生饱腹感，有适当控制体重的作用。

这样吃才不胖
直接食用或榨汁，能保留大量膳食纤维和维生素，减肥效果更好。
推荐菜谱：猕猴桃果汁

82%

芒果的含水量较高，约为 82%，因其热量很低，是可以作为晚餐或者加餐的一种水果。

减肥期要吃对水果

很多人在减肥时，都会选择用水果来代替正餐。殊不知，水果吃不对，可能会产生问题。

- **不能只吃水果减肥**：虽然水果含有很丰富的维生素和矿物质，但蛋白质才是构成人体最基本的物质。而水果的蛋白质含量很低，只吃水果减肥，最后只会导致身体水肿，饮食正常之后反弹更快。

- **水果不能替代蔬菜**：蔬菜中多为不溶性膳食纤维，而水果中的膳食纤维多为可溶性纤维，二者功能不同。水果中矿物质和微量元素也不如蔬菜丰富，而且果糖等碳水化合物产生的热量却远远高于蔬菜，所以摄入同等量的水果和蔬菜，水果更容易让人发胖。

木瓜 121 千焦

木瓜中含有丰富的维生素 C，具有很强的抗氧化能力，可提高免疫力。

木瓜中的木瓜蛋白酶可以分解蛋白质，促进新陈代谢，从而达到减肥的目的。

蜂蜜葡萄柚茶

原料： 葡萄柚 1 个，盐、白糖、蜂蜜各适量。

做法：

1. 葡萄柚去皮、内皮及白茎，只保留果粒，依次放入白糖和盐后挤压果肉，完全出水后腌制 20 分钟。

2. 把腌好的葡萄柚倒入小锅内进行熬制并不断搅拌，熬至黏稠状时关火。

3. 凉凉后倒入蜂蜜，搅拌均匀即可。

营养不长胖： 葡萄柚富含钾，能缓解水肿。蜂蜜能润肠，缓解便秘。二者混合泡水喝，能美容瘦身。

葡萄柚 138 千焦

葡萄柚含有宝贵的天然维生素 P 和丰富的维生素 C 以及可溶性膳食纤维，能够保养皮肤，防止细胞老化，加速新陈代谢，且其热量较低，常被用于减肥食谱中。葡萄柚富含柠檬酸、钾和钙，而柠檬酸有助于肉类的消化，避免摄取过多的脂肪，达到减肥的目的。

这样吃才不胖

蜂蜜搭配葡萄柚，润肠排毒。

推荐菜谱：蜂蜜葡萄柚茶

菠萝 182 千焦

菠萝含有的菠萝蛋白酶可分解蛋白质，溶解阻塞于组织中的纤维蛋白和血凝块，改善局部血液循环，降低血液黏稠度，所以经常食用高脂肪、高热量食物的人应该多吃菠萝，能解腻、促进消化，有利于减肥。

菠萝解腻助消化，有助于瘦身减脂。

健康吃水果效果佳

为达到减肥的目的需要正确吃水果。

• **建议摄入量：** 成人每天应摄入 200~400 克水果，且最好来源于两种水果。同时，应减少 25 克左右的主食，这样才能保证每天摄入总热量保持不变。

• **吃水果的最佳时间：** 两餐之间是比较适合吃水果的时间段。可以在每天 9 点到 10 点，15 点到 16 点或睡前 2 小时进食适量的水果。

草莓 134 千焦

草莓中所含的维生素 C 能够帮助消化，而 B 族维生素以及膳食纤维则能够滋润肠道，预防便秘，对于调节人体胆固醇及脂肪含量也有着很好的效果。

草莓易于消化吸收，富含营养不增重。

这样吃才不胖
草莓与藕粉混合食用能很快消除饥饿，避免高热量的摄入。

推荐菜谱：草莓藕粉

草莓藕粉

原料： 藕粉 50 克，草莓适量。

做法：

1. 藕粉加适量水调匀。锅置火上，加水烧开，倒入调匀的藕粉，用小火慢慢熬煮，边熬边搅动，熬至透明即可。

2. 草莓洗净，切成块，放入搅拌机中，加适量水，榨汁。

3. 将草莓汁倒入藕粉中，食用时调匀即可。

营养不长胖： 藕粉益胃健脾、养气补益，且易于消化吸收，与富含维生素 C 的草莓搭配，营养又不会长胖。

西瓜 108 千焦

西瓜的热量比较低，含有丰富的钾元素和番茄红素，加之西瓜中的蛋白酶能把不溶性蛋白质转化为可溶的蛋白质，起到增加肾炎病人营养的作用。西瓜中含有大量水分，有利尿作用，可帮助人体排毒，从而达到消除水肿的目的。

91%

西瓜含有91%的水分，能增加饱腹感。

橙子 202 千焦

橙子中的维生素 C 含量很高，有助于提高人体的免疫力，是一种保健水果。经常感冒的人常吃橙子，还具有排毒的作用。橙子还含有丰富的膳食纤维、磷、有机酸、维生素 A 以及 B 族维生素等，能够燃烧脂肪，降低胆固醇。

这样吃才不胖
既可鲜榨做橙汁，也可搭配荤菜减少油腻。

推荐菜谱：鲜橙汁

肉类及水产类

肉类食物包括畜肉和禽肉两大类，常见的畜肉类食物有猪肉、牛肉等，禽肉包括鸡肉、鸭肉等。肉类是人体优质蛋白质的主要来源。水产类食物是湖泊、海洋、江河里出产的动物或藻类的统称，包括各种鱼、虾、蟹、贝类、紫菜、海带等。水产类食物能为人体提供丰富的优质蛋白质和矿物质，且脂肪含量低，经常食用可以均衡营养，调节身体酸碱平衡。

猪肉（瘦） 598 千焦

猪肉中的蛋白质能满足人体生长发育的需要，尤其是精瘦猪肉的蛋白质可补充豆类蛋白质中必需氨基酸的不足。猪肉富含的 B 族维生素能给人体提供能量，猪肉含有人体必需的脂肪酸。减肥期间适当通过食用猪瘦肉补充营养元素是非常必要的。

这样吃才不胖

搭配富含膳食纤维的蔬菜，补充营养热量又低。

推荐菜谱：猪肉焖扁豆

驴肉（瘦） 485 千焦

驴肉的蛋白质含量比猪肉、牛肉、羊肉高，其含量在 20%~25%；氨基酸的含量及其比例更适合人体的需要，消化吸收率高；脂肪含量较低，因此驴肉是一种理想的高蛋白、低脂肪的肉类，适合减肥人群食用。

这样吃才不胖

避免高温油炸，温补身体且易于消化。

推荐菜谱：山药杞枣炖驴肉

牛肉（瘦） 443 千焦

牛肉营养价值很高，富含蛋白质、氨基酸和铁、锌等矿物质，可益气补血，强健身体。而且牛肉脂肪含量相对较低，味道鲜美，深受人们喜爱，是很好的减肥食材。

牛肉高蛋白质，低脂肪，味道鲜美不增重。

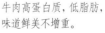

鸡肉 557 千焦

鸡肉和鸡蛋一样，都是减肥瘦身过程中，增补肌肉的好食材。鸡胸肉能带来很强的饱腹感，如果少食多餐的话，鸡胸肉是不二之选。不过要注意的是千万不要吃鸡皮，鸡肉的脂肪大部分在鸡皮上。适当运动，再配合有技巧地吃鸡肉，有助于优质肌肉的形成，塑造曲线美。

⬇26%

牛肉中的锌比植物中的锌更容易被人体吸收，吸收率高达 26%。

羊肉（瘦）494 千焦

羊肉含有丰富的蛋白质、脂肪、矿物质，可补充热量，促进血液循环，有御寒暖身的作用。羊肉含维生素 B_1、维生素 B_2、维生素 E 和铁，可预防贫血，改善手脚冰冷的症状。羊肉同猪肉相比，脂肪、胆固醇含量较少，对人体的"副作用"更低，而且羊肉肉质细嫩，容易消化，可以提高身体免疫力，增强抗病能力。

羊肉可以为人体补充热量和蛋白质，且易于消化吸收。

兔肉 427 千焦

兔肉蛋白质含量高达 20%，而脂肪含量为 2%，是一种高蛋白、低脂肪的食物，既有营养，又不会令人发胖，是肥胖者理想的肉食选择。

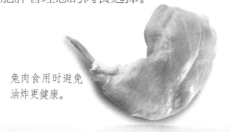

兔肉食用时避免油炸更健康。

这样吃才不胖
少加盐及调味料，有利于瘦身减肥。
推荐菜谱：清炖兔肉

肉类这样吃更健康

肉类食物营养丰富，减肥这样吃更健康。

• **少食用煎、烤、炸的肉**：不合格的腌制肉会含有亚硝酸盐，在体内转化为致癌物质；烤焦的肉和皮中则含有致癌物苯丙芘；肉煎炸过焦也会产生致癌物。过量食用这类食物，会增加胃、肠、胰腺等消化器官癌变的概率。

• **适量食用瘦肉**：食用瘦肉过多会导致动脉粥样硬化。对于健康的成年人，一天食用的瘦肉为 200~250 克，女性要更少一点。

⬇18.6%

鲈鱼富含蛋白质、胆固醇、磷、钾，其中蛋白质含量高达 18.6%。

鲈鱼 439 千焦

鲈鱼营养价值极高。鲈鱼中钙质含量较高，能够预防骨质疏松。它还富含优质蛋白质、不饱和脂肪酸及其他多种微量元素，营养还不易长胖。

这样吃才不胖

清蒸或炖煮的方式能最大限度保留鲈鱼的鲜味，并降低热量。

推荐菜谱：清炖鲈鱼汤

清炖鲈鱼汤

原料： 鲈鱼 1 条，姜片、葱段、香菜、生抽、料酒、盐、油、花椒各适量。

做法：

1. 鲈鱼处理干净，切段，加盐、生抽、料酒腌制入味。
2. 热锅放少许油，把鲈鱼段煎一下，加入适量水煮熟，同时把姜片、葱段和花椒放入煮汤。
3. 煮 15 分钟至汤汁浓稠时撒少许盐，撒上香菜段即可。

营养不长胖： 鲈鱼汤汤美肉嫩，能够促进消化，且富含优质蛋白质，能增强饱腹感，是不错的减肥美食。

带鱼 531 千焦

带鱼的脂肪含量高于一般鱼类，但多为不饱和脂肪酸，具有降低胆固醇的作用。在减肥期间适量食用带鱼替代其他肉类，可以达到补充蛋白质，而摄入较少热量的目的。

这样吃才不胖

一次不要吃得太多。

推荐菜谱：醋焖腐竹带鱼
（见第 109 页）

鲤鱼 456 千焦

鲤鱼具有蛋白质优、脂肪酸配比合理、热量低三大特色，同时还含有现在广受推崇的 DHA、EPA 等，营养价值非常高。鲤鱼的脂肪含量低，且多为不饱和脂肪酸。此外鲤鱼还具有利尿作用，可以帮助人排出体内多余的水分，有助于控制体重。

三文鱼 582 千焦

三文鱼富含优质蛋白质，而且三文鱼属于低热量的食物，里面含有大量的钙、铁、锌、磷以及多种维生素、不饱和脂肪酸。三文鱼的脂肪含量较高，但它所含的脂肪是有益健康的，例如 Ω-3 脂肪酸，食用少量的 Ω-3 脂肪酸并结合适量的锻炼，可以达到明显的减重效果。

三文鱼富含优质蛋白质和多种矿物质，低热量，营养全面均衡。

鲫鱼 452 千焦

鲫鱼是典型的高蛋白、低脂肪、低糖的保健食物。鲫鱼含有的少量脂肪酸属于不饱和脂肪酸，这类脂肪酸在食用之后能在血管中结合胆固醇和甘油三酯，并携带它们离开血管，可以改善高血脂。

鲫鱼常被做成鲫鱼汤。常喝鲫鱼汤有助于降血压、降血脂，防止动脉硬化、高血压和冠心病，并有降胆固醇的作用。另外，产妇喝鲫鱼汤还能有效催乳。

鳕鱼 368 千焦

鳕鱼富含蛋白质、维生素 D、维生素 A 和钙、镁等矿物元素。鳕鱼热量极低，每 100 克的鳕鱼里脂肪甚至不到 1 克，适合想要控制体重的人群食用。除此之外，鳕鱼的鱼油除了富含普通鱼油中的 DHA、DPA 外，还富含多种人类所需要的维生素，可在一定程度上保护我们的心血管系统。

这样吃才不胖
用不粘锅可减少油量。
推荐菜谱：柠檬煎鳕鱼
（见第 91 页）

⬇96%

鲤鱼蛋白质含量高，而且容易被人体消化吸收，吸收率可达 96% 以上。

不要盲目吃鱼肉

肉类里面鱼肉最为健康，为了健康减肥你要了解这些。

- **做鱼最好是清蒸**：煎炸鱼会流失约 20% 的营养，生吃鱼肉易感染细菌，而清蒸的做法可以尽可能地保留鱼肉中的营养物质，减少油脂的摄入。

- **空腹吃鱼可能导致"痛风"**：绝大多数鱼肉富含嘌呤，如果空腹摄入大量鱼肉，却没有足够的碳水化合物来平衡，人体内的酸碱平衡就会失调，容易诱发痛风或加重痛风。

虾 364 千焦

虾中的蛋白质含量超过 16%，十分可观。另外，吃的时候需要剥虾皮，比较容易控制摄入量，对于减肥瘦身的人，虾是控制热量的好食物。

虾是低脂肪、低热量、高蛋白的海产品。最适宜水煮，做法简单，有助于降低体重。

蛤蜊豆腐汤

原料： 蛤蜊 200 克，豆腐 100 克，姜片、盐、香油各适量。

做法：

1. 清水中放入少许香油和盐后放入蛤蜊，让蛤蜊彻底吐尽泥沙，捞出，冲洗干净；豆腐切块。

2. 锅中放水、姜片、盐煮沸，将蛤蜊、豆腐块一同放入，用中火继续炖煮。

3. 待蛤蜊张开壳、豆腐熟透后关火，放入盐、香油调味即可。

营养不长胖： 蛤蜊具有抗压舒眠的效果，与豆腐搭配做汤，营养又不增重。

蛤蜊 259 千焦

蛤蜊含有丰富的蛋白质和矿物质，可预防中老年人慢性病，如心脑血管疾病等。此外，蛤蜊脂肪含量不高，属于低脂肉类，对于想控制体重的人来说，蛤蜊是很不错的食材。

这样吃才不胖

少加调味品，低热量且饱腹感强，利于减肥。

推荐菜谱：蛤蜊豆腐汤

螃蟹 431 千焦

螃蟹的热量很低，很适合减肥的人群。螃蟹还含有大量的矿物质和维生素，钾可以消除水肿，维生素 E 可以抗衰老等。螃蟹中还含有大量的蛋白质，对增肌减脂、促进新陈代谢都有帮助，但是蟹黄中的胆固醇含量有些高，不能吃太多。

吃海鲜的注意事项

海鲜虽美味十足，但也不能毫无顾忌地吃。

- **肠胃不好少吃或不吃：** 大部分海鲜是寒性的食品，会导致肠胃受伤，导致恶心、腹泻等肠胃症状。

- **少生吃，煮熟要彻底：** 生的东西就会有细菌甚至寄生虫卵，不煮透的话，很容易生病。

- **不能与水果和茶共吃：** 水果和茶含有的鞣酸会和海鲜中的钙结合，形成难溶的钙，产生呕吐、腹痛等症状。

海蜇皮 138 千焦

如果想节食减肥，又怕因为身体营养流失而使皮肤失去弹性，那么建议吃一些海蜇皮。海蜇皮很适合减肥中的人食用，因为它热量低且富含蛋白质与胶质。海蜇的胆固醇含量也很低，对于有心血管疾病隐忧的中老年人而言，是很好的食物营养补充来源。

海蜇富含蛋白质与胶质，热量低，胆固醇低，可预防心血管疾病。

这样吃才不胖
少加糖及调味品，限制热量的摄入。
推荐菜谱：凉拌海蜇丝

凉拌海蜇丝

原料： 海蜇皮 100 克，黄瓜 1 根、红椒、蒜末、香醋、生抽、香油、白糖、盐各适量。

做法：

1.海蜇皮洗净切丝，沸水锅中焯约 10 秒立即捞出，用冰水过凉，沥干水分备用；红椒洗净切丝；黄瓜洗净切丝。

2.把海蜇丝、红椒丝、黄瓜丝、蒜末放在一起，加适量的香醋、生抽、白糖、盐搅拌均匀，最后淋上香油装盘。

营养不长胖： 凉拌海蜇丝热量低，既营养又帮助瘦身。

海参 326 千焦

海参含有的精氨酸是合成人体胶原蛋白的主要原料，对人体的生长发育、预防组织老化等有特殊功效。海参的脂肪含量相对较少，是典型的高蛋白、低脂肪食物，减肥期间可少量食用。

50.2%

干海参蛋白质含量大约为 50.2%，能带来很强的饱腹感。

牡蛎 305 千焦

牡蛎被称作"海里的牛奶"，钙和铁的含量都超过了牛奶，是减肥养颜和防治疾病的珍贵食物。牡蛎的脂肪含量比较低，又富含蛋白质，适当地吃一些，不会发胖，是美味的低热量减肥食品。

这样吃才不胖
少油少盐，
饱腹又营养。
推荐菜谱：牡蛎海带汤

海白菜 468 千焦

海白菜又叫海菠菜、海莴苣，是一种海藻类食物，味道鲜，营养丰富。海白菜中富含钙、镁、碘等矿物质以及海藻胶等可溶性膳食纤维，具有降低胆固醇的作用，高血脂人群可多食用，是不错的减肥食材。

海白菜含有可溶性膳食纤维和多种矿物质，有助于减肥并补充营养。

这样吃才不胖

尽量少腌制，凉拌时少放调味料。

推荐菜谱：凉拌海白菜

吃藻类食物的禁忌

吃藻类食物有以下禁忌。

- **不宜长期大量食用**：长期大量食用藻类食物易导致摄入过多的碘，引发甲状腺疾病。

- **不能和酸涩水果一起吃**：藻类中的砷与水果中的维生素C发生化学反应，形成有毒物质，会导致肠胃不适。

- **不能和柿子一起吃**：藻类食物中的矿物质会与柿子中的鞣酸生成不溶性的结合物，影响某些营养成分的消化吸收，导致胃肠道不适。

裙带菜（干）914 千焦

裙带菜含钙量是"补钙之王"牛奶的 10 倍，含锌量是"补锌能手"牛肉的 3 倍。500 克裙带菜含铁量等于 10.5 千克菠菜的含铁量，维生素 C 含量等于 750 克胡萝卜所含的维生素 C，蛋白质含量等于 1.5 个海参所含的蛋白质。其含碘量也比海带多。

这样吃才不胖

清汤炖制，少油少盐，饱腹感强。

推荐菜谱：裙带菜豆腐汤

海带 55 千焦

海带在风干后会析出一层白霜似的白粉——甘露醇，它是一种珍贵的药用物质。现代科学研究证明，甘露醇具有降低血压、利尿和消肿的作用，对水肿型肥胖有一定的缓解作用。而且海带脂肪含量非常低，热量低，是肥胖者的理想减肥食物。

海带中的甘露醇可以降脂降压、利尿消肿。

发菜（干）1081 千焦

每 100 克发菜中含蛋白质 20.2 克，碳水化合物 60.8 克，钙 1 048 毫克，铁 85.2 毫克，均高于动物性食品猪、牛、羊肉及蛋、乳类，还含有藻酸、酪氨酸等。发菜的脂肪含量极低，有较好的轻身减肥作用，特别适宜于高血压、心血管疾病患者以及肥胖者减肥食用。发菜的含碘量很高，具有预防甲状腺肿大和维持甲状腺正常的功能。

石花菜（干）1 335 千焦

石花菜含多种藻蛋白，B 族维生素、胡萝卜素，以及多种矿物质。石花菜中所含的多糖类物质，属于水溶性膳食纤维。石花菜还是提炼琼脂的主要原料，减肥时可以经常吃一些"琼脂"制品，它能在肠道中吸收水分，使肠内容物膨胀，增加大便量，刺激肠壁，引起便意，帮助排毒减肥。

 这样吃才不胖
少量泡发即拌一盘，可减少热量的摄入。
推荐菜谱：凉拌石花菜

紫菜（干）1 050 千焦

紫菜中的碘含量非常丰富，可以用来辅助治疗因缺碘而引起的甲状腺肿大。紫菜还含有一定量的甘露醇，可缓解水肿症状。紫菜中 1/5 是膳食纤维，可以促进排便，将有害物质排出体外，保持肠道健康。加之紫菜热量很低，常食紫菜可使减肥效果更加明显。

紫菜虾米蛋花汤

原料： 干紫菜 15 克，鸡蛋 1 个，虾皮 20 克，葱花、盐各适量。

做法：

1.干紫菜扯碎，和虾皮洗净，用冷水浸泡 5 分钟。

2.锅中放水烧开后打入鸡蛋，放入紫菜和虾皮煮 4 分钟。

3.最后再加入盐和葱花即可。

营养不长胖： 紫菜虾米蛋花汤既能饱腹又不增重。

1%
干海带中盐藻多糖的含量可达 1%，是极好的膳食纤维，能促进肠道蠕动，带走体内的油脂和毒素，达到减肥的目的。

这样吃才不胖
做成低热量的汤类。
推荐菜谱：紫菜虾米蛋花汤

豆类及豆制品类

豆类是低脂肪的食物，几乎没有胆固醇。它富含膳食纤维和高质量植物蛋白，营养丰富，可以帮助排毒、促进消化，而且食用后易产生饱腹感。豆类含有的异黄酮、大豆皂苷等成分，有助于降低人体内的脂肪和胆固醇含量。豆类中丰富的膳食纤维可以帮助排便，防止脂肪堆积，改善肥胖体质。

黄豆 1 631 千焦

黄豆中富含大豆异黄酮，吃饭的时候吃点黄豆能抑制食物中脂质以及碳水化合物的吸收。黄豆富含的膳食纤维也能有效增加饱腹感，促进新陈代谢。黄豆可以说是集营养与健康于一体的减肥圣品。

这样吃才不胖
做成豆浆或者凉拌，能饱腹并减少热量摄入。
推荐菜谱：凉拌黄豆海带丝

黑豆 1 678 千焦

黑豆有蛋白质含量高、质量好、易于消化吸收的特点，常被人当作钙、蛋白质的补充剂。黑豆含有丰富的膳食纤维，有助于改善便秘，而且含有维生素 B_1 及维生素 E，可恢复体力和改善皮肤状况，对减肥及美肤皆有功效。

黑豆富含膳食纤维，可加速新陈代谢。

这样吃才不胖
少加或不加糖，减少热量摄入。
推荐菜谱：花生黑芝麻黑豆浆

白芸豆 1 320 千焦

白芸豆所含的膳食纤维可以缩短食物通过肠道的时间，促进排便，使减肥者达到轻身的目的。尤其适合心脏病、动脉硬化、高脂血症、低钾血症和忌盐患者食用。

豌豆（鲜）

465 千焦

豌豆富含的优质蛋白质可以提高机体的抵抗力，对机体病后或术后康复也有明显的帮助。豌豆中富含胡萝卜素，食用后可维持眼睛和皮肤的健康。豌豆中含有大量的膳食纤维，能促进肠道的蠕动，减少食物在肠道中的停留时间，促进排便，利于减肥。

豌豆含有大量膳食纤维，能够促进肠道蠕动，达到清肠减肥的效果。

↓80%

餐前食用白芸豆能阻断 80% 的热量摄取。起到控制碳水化合物分解吸收，降低餐后血糖等作用。

绿豆 1 376 千焦

绿豆的蛋白质含量虽略逊于黄豆，但因其具有解毒、清热作用，而深受人们的喜爱。绿豆中的矿物质，可降低血压和血管中的胆固醇含量，预防心血管疾病。此外，绿豆中还含有一种球蛋白和多糖，能够促进肠道的消化吸收，降低血脂，帮助身体排出毒素和垃圾，从而对减肥起到一定的效果。

这样吃才不胖
不需要加糖。
推荐菜谱：绿豆南瓜汤

红豆 1 357 千焦

红豆富含维生素 B_1、维生素 B_2、蛋白质及多种矿物质，有补血、利尿、消肿、促进心血管活化等功效。红豆中的石碱成分可促进肠胃蠕动，减少便秘，促进排尿，消除心脏或肾病所引起的水肿。

这样吃才不胖
红豆搭配薏米，能减肥消肿。
推荐菜谱：红豆薏米粥

豆类合理搭配更营养

豆类能够提供丰富的维生素、蛋白质和矿物质，学会吃豆非常重要。

• **谷豆搭配，相当于吃肉**：谷物中的赖氨酸含量低，而豆类中含量高。相反地，谷类中的蛋氨酸含量高，而豆类中含量较少。二者搭配起来，有互补作用。

• **豆豆搭配，营养更全面**：不同豆类的外表和"内涵"都有所不同，绿豆清热解毒，红豆补血养心，黑豆补肾……所以搭配着吃，营养更全面。

豆浆 128 千焦

豆浆富含植物蛋白、磷脂、B 族维生素、膳食纤维及矿物质，可滋养身体。豆浆还含有丰富的不饱和脂肪酸，可促进脂质代谢，有瘦身作用。

豆浆含大量的水，加之豆浆的高纤维特点，能解决便秘问题，增强肠胃蠕动，利于减肥。

冬笋拌黄豆芽

原料： 冬笋 150 克，黄豆芽 100 克，火腿肠 25 克，香油、盐各适量。

做法：

1. 黄豆芽洗净，焯烫，过冷水；火腿肠切丝，备用。

2. 冬笋洗净，切成细丝，焯烫，过冷水，沥干。

3. 将冬笋丝、黄豆芽、火腿肠丝一同放入盘内，加盐、香油，搅拌均匀即可。

营养不长胖： 冬笋拌黄豆芽是一道热量较低的凉拌菜，清脆爽口，含有维生素和膳食纤维，对控制体重很有帮助。

黄豆芽 198 千焦

黄豆芽是胰岛素"刺激剂"，其所含的维生素 B_1 和烟酸有刺激胰岛素分泌的功效，有助于缓解高血糖症状。黄豆芽富含膳食纤维，可适度缓解消化系统对糖分的吸收和转化，延缓餐后血糖上升。

黄豆芽低脂肪、低热量，有助于减肥，还可以降血糖。

这样吃才不胖

热水焯烫、少放调味料。

推荐菜谱：冬笋拌黄豆芽

腐竹（干）1928 千焦

腐竹含有丰富的铁，对缺铁性贫血有一定疗效。腐竹含钙丰富，可用于防治因缺钙引起的骨质疏松。腐竹是豆制品中蛋白质含量最高的一种食物，同时富含维生素 E、锌和硒。少量腐竹泡发后与黄瓜等蔬菜类凉拌，能很好地控制热量的摄入，美味又瘦身。

豆制品饮食须知

豆制品虽然营养丰富，但不能天天吃，也并非人人皆宜。

- **豆制品不必每天都吃：** 豆制品都富含蛋白质，摄入过多蛋白质会造成肾脏负担，因此，不必每天都吃。

- **豆制品不能适用于所有人：** 豆制品富含蛋白质，过量食用会引起消化不良，导致腹胀甚至腹泻，还会阻碍铁的吸收。因此，患有急性和慢性浅表性胃炎的病人要忌食豆制品。

豆腐干 823 千焦

豆腐干是豆腐的再加工制品，含有大量蛋白质、碳水化合物以及钙、磷、铁等人体所需的多种矿物质。最关键的是，豆干不仅营养丰富，脂肪含量还很低，减肥期间可适当食用。

豆腐干含有大量蛋白质和多种矿物质，营养丰富不增重。

这样吃才不胖
凉拌时少加调味品。
推荐菜谱：凉拌豆腐干

凉拌豆腐干

原料：豆腐干150克，香菜叶、香油、生抽、盐、醋各适量。

做法：

1. 豆腐干切丝。

2. 锅中加水煮开，加入适量盐，放入豆腐干丝略煮，用漏勺捞出，用冰水过凉，沥干水分备用。

3. 最后加入醋、香油、盐、生抽，拌匀，点缀香菜叶即可。

营养不长胖：豆腐干富含蛋白质，有较强饱腹感，凉拌后适量吃能帮助控制体重。

豆腐 351 千焦

豆腐富含多种微量元素，有助于排出多余水分，改善消化功能，对消除腹部的脂肪尤其有效。豆腐含有大豆卵磷脂和优质蛋白质，能够增强饱腹感，具有非常好的减肥效果。

↓8.1%

豆腐中蛋白质含量约为 8.1%，在减肥期间可用来替代部分肉食。

绿豆芽 65 千焦

绿豆芽有减少血管壁中胆固醇和脂肪的堆积、防止心血管病变的作用。经常食用绿豆芽可清热解毒，利尿除湿，解酒毒热毒。嗜烟酒肥腻者，如果常吃绿豆芽，可以起到清肠胃、解热毒、洁牙齿的作用，同时可防止脂肪在皮下堆积。

这样吃才不胖
凉拌时先焯水，还要少放盐和调味品。
推荐菜谱：凉拌绿豆芽

谷薯类

谷物是热量和植物蛋白的重要来源，谷物中的碳水化合物大多是淀粉，易分解、消化，能为人体提供 50%~80% 的能量。谷物中还含有丰富的 B 族维生素，在代谢中有着重要的作用。另外，碳水主食是健身人群必不可少的营养物质，无论你是增肌还是减脂，都需要摄入足量的主食，保证充足的碳水化合物摄入。

大米 1 453 千焦

大米含有丰富的碳水化合物、磷、钾等营养成分，能为人体提供必需的营养和能量。 大米是人体 B 族维生素的主要来源之一，常食有助于碳水化合物、蛋白质和脂肪在体内的代谢平衡，有助于控制体重，还能维持神经系统的正常功能。

这样吃才不胖

添加蔬菜，增加膳食纤维含量，饱腹且排毒。
推荐菜谱：什锦饭

糙米 1 475 千焦

糙米最大限度地保留了 B 族维生素，可促进碳水化合物、蛋白质、脂肪的代谢，有健脾益胃、减肥的功效。同普通精制白米相比，糙米中含更多的矿物质和膳食纤维。糙米氨基酸的组成较为完全，非常有利于人体消化吸收。

这样吃才不胖

糙米替代细粮，能减少总热量的摄入。
推荐菜谱：糙米饭

红薯 260 千焦

红薯富含膳食纤维，是低脂肪、低热量的食品，常食可护肤减肥。红薯还含有胡萝卜素，这是一种有效的抗氧化剂，在清除自由基方面有非常好的作用，可促进细胞再生，保持血管弹性，有效延缓衰老。

土豆 343 千焦

土豆是理想的减肥食品。土豆中脂肪的含量非常低，所含的热量低于谷类粮食，可作为主食食用。它含有膳食纤维，能宽肠通便，帮助机体及时代谢毒素，在预防便秘、肠道疾病方面有重要作用，而其所含的钾能促进体内钠的排泄，尤其适合下肢水肿者食用，有消除腿部水肿的作用。

小米 1 511 千焦

小米营养丰富，其脂肪含量高，在粮食中仅次于黄豆，同时，小米的矿物质和维生素含量高于大米，有益于调节人体内分泌。

小米可当作主食食用，脂肪含量低，易饱腹。

小米富含钾元素和膳食纤维，具有利尿消肿、促进肠胃蠕动和润肠通便的作用，能帮助清除体内多余脂肪，从而达到瘦身减脂的目的。

燕麦 1 433 千焦

燕麦营养丰富，富含膳食纤维、B 族维生素、维生素 E 以及氨基酸。其富含的可溶性膳食纤维可加快肠胃蠕动，帮助排便，还能帮助排出胆固醇。常见的燕麦米和燕麦片，皆有促进胃肠蠕动的功效，适合减肥人群食用。

燕麦富含膳食纤维和多种维生素，营养丰富。

⬇️0.2克

每 100 克红薯中仅有 0.2 克的脂肪，热量低且饱腹感强，可适量替代主食作为晚餐或者加餐食用。

这样吃才不胖
燕麦片遇水膨胀，能增加饱腹感。
推荐菜谱：燕麦百合粥

巧吃谷物瘦得快

无论是粗粮还是细粮，吃对才有益身体健康。

- **只吃粗粮，不利健康**：粗粮中膳食纤维含量丰富，但不容易被消化，而且易增加肠胃负担。长期进食粗粮，会磨损食道、肠胃等消化道黏膜，引发肠胃疾病。

- **粗细搭配，营养加倍**：相对于精制的米、面，粗粮口感粗粝，也不易消化，若能将粗粮与细粮搭配起来烹制，无论煮粥，还是蒸饭，都既能改善口感，还能保证营养。

荞麦 1 410 千焦

荞麦中的镁、赖氨酸和精氨酸含量丰富，能促进新陈代谢，其含有的植物蛋白进入人体后，不易转化为脂肪，可起到减肥、瘦身的效果。

荞麦中的膳食纤维含量丰富，适量食用能达到排毒减肥的目的。

大麦茶

原料：大麦米 100 克。

做法：

1. 将大麦米淘洗干净，用平底不粘锅小火慢炒，炒至米香四溢，颜色焦黄，大概需要 15 分钟。

2. 将炒好的大麦彻底凉凉，收入密封瓶中保存。

3. 取适量炒好的大麦，用热水冲泡 2~3 分钟即可。

营养不长胖：喝一杯浓浓的大麦茶，不仅能去油腻，还能促进消化。而且热腾腾的大麦茶具有暖胃、养胃的功效，适合各类人群饮用。

大麦 1 367 千焦

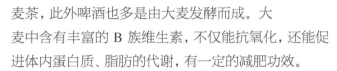

大麦含丰富的膳食纤维，可刺激胃肠蠕动，有较好的润肠通便功效，是良好的保健品原料，常被用来制作保健品，如大麦茶，此外啤酒也多是由大麦发酵而成。大麦中含有丰富的 B 族维生素，不仅能抗氧化，还能促进体内蛋白质、脂肪的代谢，有一定的减肥功效。

这样吃才不胖

制作成大麦茶饮用，能润肠通便、降低胆固醇。

推荐菜谱：大麦茶

小麦 1 416 千焦

小麦磨粉时要留少许麦麸，保留更多的膳食纤维和 B 族维生素，营养更均衡，也有助于改善血液循环，降低胆固醇。小麦芽适合榨汁饮用，因为小麦芽含有丰富的水分，维生素和矿物质含量比麦粒高，用麦芽榨汁，能清肠、去脂，有利于减肥。

麦麸中含有膳食纤维和 B 族维生素，可以适量食用。

五谷杂粮的健康吃法

吃五谷杂粮不容易饮食过量，而且餐后血糖上升缓慢，胰岛素需求量小，能抑制脂肪的形成，有利于减肥。

• **五谷杂粮宜晚餐食用：**晚上吃五谷杂粮容易产生饱腹感，可以减少食物的摄入量，从而避免晚上吃得过饱对肠胃造成负担。

• **吃五谷杂粮应多喝水：**食用五谷杂粮时，宜多饮用白开水，以保证肠胃的正常工作。一般情况下膳食纤维摄入增加一倍，就宜多饮用一倍的水。

薏米 1 512 千焦

薏米富含矿物质和维生素，有促进新陈代谢、清热利尿、健脾除湿的作用。薏米中蛋白质含量较高，且氨基酸种类齐全，可促进体内水分代谢。此外，薏米中丰富的 B 族维生素和维生素 E 可以抗氧化，延缓衰老，常食可保持皮肤的光泽细腻，还可以预防脚气病。

这样吃才不胖
薏米搭配冬瓜和海带，利水消肿，有益减肥。
推荐菜谱：冬瓜海带薏米汤

冬瓜海带薏米汤

原料： 冬瓜 300 克，海带丝 20 克，薏米 100 克，姜、盐、胡椒粉各适量。

做法：

1. 冬瓜洗净，去皮、去籽后切块；海带丝洗净泡水；姜切片。

2. 薏米洗净后泡 5 小时，倒入电饭锅中加水炖煮。

3. 加入冬瓜块、海带丝、姜片煮约 20 分钟，最后加盐和胡椒粉即可。

营养不长胖： 冬瓜利尿，薏米祛湿，海带能缓解便秘。三者煮汤是一款清热解毒、减肥瘦身的佳品。

玉米 469 千焦

富含镁和膳食纤维的玉米能促进胃肠蠕动，进而促进消化吸收，减少体内脂肪的累积。另外，煮沸的玉米水有利尿功效，特别是对于下半身属于水肿型肥胖的人群，可以有效地消除水肿的情况，防止脂肪的堆积。

6.4%
玉米中膳食纤维占 6.4%，可清脂减肥。

芋头 236 千焦

芋头是低热量、低脂肪食物，含有丰富的 B 族维生素，可促进细胞再生，保持血管弹性。芋头含有的碳水化合物易于被身体吸收，可改善消化功能。芋头表面的黏液蛋白还有助于预防体内脂肪的沉积，避免肥胖。

蒸芋头低脂肪，低热量，避免肥胖。

这样吃才不胖
蒸煮的方式，无油无盐更健康。
推荐菜谱：蒸芋头

坚果类及其他

坚果脂肪含量比较高，但其中的脂肪酸主要为不饱和脂肪酸，有利于提高血液中高密度脂蛋白胆固醇的含量，对预防心血管疾病有很大帮助；同时维生素 A、维生素 D、维生素 E 含量也很多，有助于延缓衰老。坚果富含钙、镁、钾等矿物质，是人体所需的植物蛋白以及微量元素的优秀来源，是用来补充蔬菜、水果摄入不足的好选择。

杏仁 2 419 千焦

杏仁能促进皮肤微循环，其所含的脂肪能软化角质层，进而使皮肤红润有光泽。杏仁中蛋白质含量高，而且还含有一定比例的膳食纤维，对降低胆固醇、促进肠道蠕动，以及保持体重有很好的辅助作用。

这样吃才不胖
搭配大量蔬菜，饱腹、热量又低。
推荐菜谱：凉拌杏仁苦瓜

凉拌杏仁苦瓜促进肠道蠕动，有利于脂肪代谢。

核桃 2 704 千焦

核桃中含有大量的膳食纤维，膳食纤维有促进肠道蠕动的功效，有些人有小肚子是因为宿便没有排出去，膳食纤维可以滋润肠道，帮助排出宿便。同时，核桃可以让人产生强烈饱腹感，在就餐前先吃些核桃，可以防止过量进食，对控制体重很有效，是非常理想的减肥食品。

这样吃才不胖
不油炸，少加调味品。
推荐菜谱：菠菜拌核桃仁

开心果 2 610 千焦

开心果含有大量胡萝卜素，作为抗氧化剂，它们能够降低老年性黄斑变性 (AMD) 疾病的风险，而这种黄斑变性是导致 65 岁以上人失明的首要原因。

开心果抗氧化，对眼睛有益。

巴旦木 2 587 千焦

巴旦木能增强人的饱腹感，降低对其他食物，尤其是一些高热量食物的兴趣。巴旦木能减少胰岛素分泌，预防心血管疾病和糖尿病。另外，巴旦木的维生素 E 含量十分丰富，能帮助细胞免于自由基的侵害，美颜抗衰老。

巴旦木补充维生素 E，抗衰老。

花生 2 400 千焦

花生属于高热量、高蛋白、高纤维食物，可以增加饱腹感，花生引起的饱腹感要强于其他高碳水化合物食物，吃花生后就可以减少对其他食物的需要，降低身体总热量的摄取，从而达到减肥效果。

花生含有大量的不饱和脂肪酸，可以促进热量散发，排出体内有害的胆固醇，降低血脂。花生还富含膳食纤维，可以帮助清除体内的垃圾，有减肥的功效。

葵花子 2 548 千焦

葵花子含有丰富的不饱和脂肪酸和矿物质，有助于降低人体血液中的胆固醇水平，有益于保护心血管健康。它含有丰富的维生素 E，具有较强的抗氧化作用，经常食用可延缓细胞衰老，使情绪安定。

葵花子富含不饱和脂肪酸和矿物质。

45.1%

开心果果仁的含油率高达 45.1%，丰富的油脂可以润肠通便，有助于机体排毒。

这样吃才不胖
不加多余调味品，原味最健康。
推荐菜谱：原味葵花子

怎样吃坚果最正确

坚果中膳食纤维与油脂共同作用，有很好的润肠效果，但是怎样吃坚果才最正确？

• **饭中吃坚果最佳：**饭中吃坚果，有利于增加饱腹感，可以通过煮粥、做坚果沙拉等方式摄入。将果仁和米搭配煮粥，每天喝 1 碗，暖胃又养身。

• **果仁每天吃 1 匙的量：**坚果热量高，一次不宜吃太多。瓜子、花生、杏仁等吃一小把即可，若是果仁，如瓜子仁等，每天吃 1 匙即可，否则易导致热量摄入过多。

奶类和蛋类

蛋类和奶类的营养价值非常高，是天然食品中的佼佼者，主要含蛋白质、脂肪、无机盐和维生素。蛋白质在体内的代谢时间较长，可长时间保持饱腹感，有利于控制饮食量。

酸奶 301 千焦

在日常饮食中增加酸奶的摄入量，能够促进肠道蠕动，清除肠道中的垃圾，还可以调节肠道内的菌类，增加益生菌，促进消化和吸收。另外，喝完酸奶会有饱腹感，可以降低吃零食的欲望，减少热量的摄入。

这样吃才不胖
可替代主食，
营养又低热量。

推荐菜谱：水果酸奶全麦吐司

喝酸奶应注意什么

喝酸奶有以下注意事项。

- **不要空腹喝酸奶**：空腹喝酸奶，胃酸会使酸奶中的乳酸菌失去活性，使酸奶失去排肠毒的效果。

- **每天喝一两杯最宜**：酸奶不宜多喝，每天早上一杯，晚上再喝一杯，这样的搭配最为理想。

牛奶 226 千焦

牛奶含有丰富的动物蛋白和钙、铁等矿物质以及多种氨基酸、乳酸、维生素等。足量的钙可帮助多余脂肪进行燃烧，而蛋白质能增强饱腹感，减少食物的摄入量。牛奶还能够保护胃黏膜，有效地抑制胃酸分泌，有助于减肥。

牛奶富含蛋白质，
增强饱腹感。

这样吃才不胖
加入膳食纤维，
有利于减肥。

推荐菜谱：卷心菜牛奶羹

卷心菜牛奶羹

原料： 牛奶 250 毫升，卷心菜 300 克，盐、油各适量。

做法：

1. 将卷心菜洗净，在锅内加适量水烧开，滴入少许油，放入卷心菜，将其焯至软熟，捞出沥干切碎备用。

2. 把牛奶倒进有底油的锅内，加入盐，烧开后放进沥干水的卷心菜碎，煮熟即可。

营养不长胖： 此菜味道鲜美，口味清淡，营养易消化，富含蛋白质的牛奶与富含膳食纤维的卷心菜同煮，能去油排毒，很适合减肥人群食用。

松花蛋 745 千焦

松花蛋比鸭蛋含更多矿物质，且热量稍有下降，它能刺激消化器官，增进食欲，促进营养的消化吸收，中和胃酸。松花蛋在腌制过程中，蛋白质分解成氨基酸，适量食用有保护大脑的功能。松花蛋富含铁，有预防和改善贫血的功效。

松花蛋富含铁，可改善贫血。

这样吃才不胖
用醋、姜拌松花蛋，可以清热消炎。
推荐菜谱：姜汁松花蛋

鸡蛋 602 千焦

鸡蛋黄中的卵磷脂可使脂肪、胆固醇乳化成极小颗粒，更易被机体所利用。其中的蛋白质水解后的物质可调整人体组织液的浓度平衡，有利于水分的代谢，消除水肿。

⇩**98%**

鸡蛋蛋白质利用率高达 98%，能促进代谢，有利于减肥。

鸭蛋 753 千焦

鸭蛋是常见蛋类中唯一性凉的，能清肺热去火气，滋阴润燥，因此阴虚旺盛、咽喉痛的朋友可以吃些鸭蛋。鸭蛋的维生素 B_2 含量很丰富，是补充 B 族维生素的理想食品之一。

这样吃才不胖
咸蛋黄替代少部分油盐，美味又健康。
推荐菜谱：黄金山药条

鹌鹑蛋 669 千焦

鹌鹑蛋含有大量脑磷脂和卵磷脂，还能将胆固醇和脂肪乳化为能透过血管壁、直接供组织利用的极细颗粒，因而食用蛋黄后血液中胆固醇的浓度不会有太大波动。饭前吃几个鹌鹑蛋可以增加饱腹感，能有效地控制食量，是减肥的好帮手。

鹌鹑蛋增加饱腹感，有助于控制进食量。

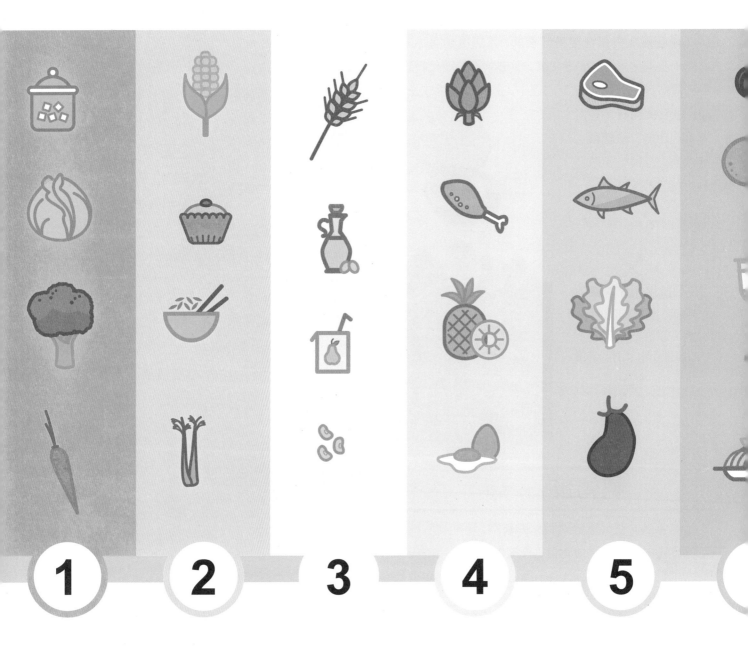

1 **2** **3** **4** **5**

第三章
7 天低热量瘦身餐，好好吃饭不长肉

减肥瘦身与日常饮食有很大关联，一定程度上，饮食是决定减肥能否成功的关键。减肥食谱并不是彻底的节食，更不会让"食肉族"见不到荤腥，只需按照瘦身食谱将自己平日的饭量降至五成到七成即可。在这里我们以一周为例，慢慢降低每日摄入的热量，让你的身体体验一个从减重到复食的过程。从饮食方面进行科学瘦身，瘦下来后即使复食也不会反弹。

第1天 摄入总热量7 530 千焦（约1 800 千卡）

饮食减肥是一个既能持续减肥又不伤害身体、精神的减肥方式。最开始制订饮食减肥计划时，以摄入的热量是之前每日身体所需热量的80%~90%为标准。不要一下降得太低，否则会让身体启动反机制，降低基础代谢率，反而阻碍减肥进展。因此，我们将第1天摄入的总热量控制在7 530千焦（约1 800千卡）左右。

改变摄入碳水化合物的方式，饱腹不增重

在碳水化合物摄入不足的情况下，会消耗脂肪和蛋白质，达到体重减轻的目的。但是，此方法极易出现反弹，且对身体有不良影响。其实，如果在制作食物过程中，稍微采取一点技巧，就可以令主食变成减肥佳品。

大米熬成粥，饱腹又低热量

同其他主食相比，在吃下相同体积的食物时，选择喝粥摄入的热量相对更低，饱腹感更强，能达到控制体重的效果。在熬粥时加入蔬菜、杂粮甚至水果，都能使粥的营养更丰富，如冬瓜粥、什锦粥、豌豆粥、燕麦粥等。

吃面食时，可做成汤面

看起来分量很多的汤面，热量其实比干面少许多。吃汤面时，记得多多地放青菜，若是肉汤，还要捞除上层浮油，当然，不喝汤更可以减少热量。

蛋白质和健康脂肪可抑制对糖的渴求

摄取糖分会令胰岛素水平飙升，导致人体储存多余的脂肪。所以如果吃富含糖分的食物，那一定要和富含蛋白质或健康脂肪的食物一起吃，这样就可以抑制人体胰岛素的激烈反应，有利于控制体重。

适宜人群：经常感到饥饿的肥胖人群；运动量较少的白领、学生。

约
1550
千焦

晚餐一定要吃：晚餐要好好吃，可以避免半夜饥饿，注意控制进食量。

晚餐

以18:00~18:30 为宜，吃太晚会影响睡眠质量，增加胃肠负担，容易诱发肥胖。

约
500
千焦

以15:00 左右为宜，下午加餐可以选择一杯酸奶。

加餐不推荐饼干：饼干多是含油、含糖量较多的食品，作为加餐食用反而会增加油脂和热量。

下午加餐

图中的热量为参考值，其具体套餐热量会有上下波动，一日内保证摄入总热量不超标即可。

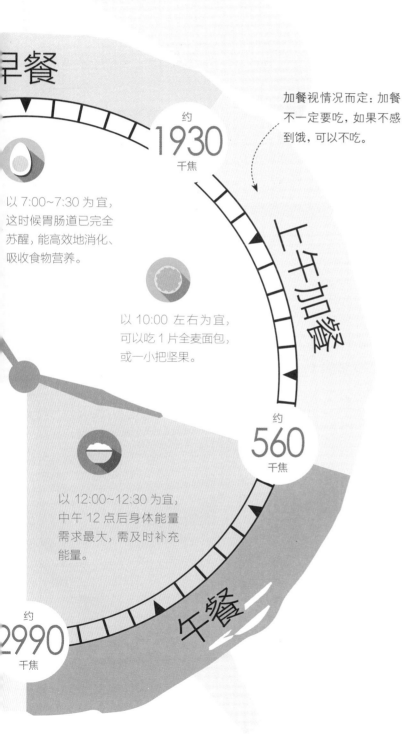

早餐

约 **1930** 千焦

以 7:00~7:30 为宜，这时候胃肠道已完全苏醒，能高效地消化、吸收食物营养。

以 10:00 左右为宜，可以吃 1 片全麦面包，或一小把坚果。

加餐视情况而定：加餐不一定要吃，如果不感到饿，可以不吃。

上午加餐

约 **560** 千焦

以 12:00~12:30 为宜，中午 12 点后身体能量需求最大，需及时补充能量。

午餐

约 **2990** 千焦

不喝碳酸饮料

碳酸饮料里面的热量和糖分都非常高。对减肥的人来说，高糖的不如低糖的，低糖的不如无糖的。

水果不能替代蔬菜

有人把水果当蔬菜吃，认为这样既营养又健康，这种观点是不科学的。水果中的膳食纤维含量要比蔬菜低，过多摄入水果而不吃蔬菜，会减少人体对膳食纤维的摄入量。另外，有的水果中糖分含量很高，过多食用，可能会引发肥胖或血糖过高等问题。

蒸煮的总比煎炸的健康

尽量拒绝食用油煎的面食，例如锅贴、煎包等，因为烹调用油的热量比面食自身的热量还高。减肥期间要是想换着花样吃面食，那么请记住，水饺比锅贴好，包子比煎包好。总之，蒸的、煮的总比煎的、炸的好。

套餐 A 适量吃碳水化合物，减重不伤身

此套餐在做到控制每日摄入总热量的同时，能够保证摄入充足的蛋白质、维生素及膳食纤维等营养素，做到营养均衡。不过需要注意的是，此套餐中的土豆也属于主食，需要控制摄入量，吃太多也是会长胖的。

早餐	约 1 966 千焦	9 点前	苹果葡萄干粥 1 碗（200 克） 土豆西蓝花饼 1 个 凉拌海带丝 1 份（200 克）
上午加餐	约 711 千焦	10 点左右	猕猴桃酸奶 1 杯（200 毫升）
午餐	约 2 803 千焦	13 点前	红豆饭 1 碗（200 克） 红烧带鱼 1 份（200 克） 清炒西葫芦 1 份（200 克）
下午加餐	约 502 千焦	15 点左右	杏仁 20 颗
晚餐	约 1 548 千焦	19 点前	八宝粥 1 碗（200 克） 小白菜炖豆腐 1 份（200 克）

所提供菜谱仅供参考。

544 千焦 /100 克注

苹果葡萄干粥

吃不胖的搭配

苹果葡萄干粥 + 凉拌娃娃菜 + 荷叶饼

原料： 大米 50 克，苹果 1 个，葡萄干 20 克，蜂蜜适量。

做法：

1. 大米洗净；苹果去皮、去核，切成块。

2. 锅内放入大米、苹果块，加适量清水大火煮沸，改用小火熬煮 40 分钟。

3. 食用时加入适量蜂蜜、葡萄干搅拌均匀即可。

营养不长胖： 苹果葡萄干粥有生津润肺、开胃消食的功效，且含有丰富的有机酸及膳食纤维，可促进消化，加快新陈代谢，预防和减少脂肪的堆积。

注：绿色标注为适宜食用菜谱；黄色标注为限量食用菜谱。本书此位置提供的热量值为约数。

红烧带鱼

733 千焦/100 克

原料：带鱼 1 条，葱、姜、蒜、醋、酱油、料酒、盐、白糖各适量。

做法：

1. 将带鱼洗净，切成 5 厘米长的段；葱、姜、蒜切片。

2. 锅中放油烧热，放入带鱼段，炸至两面呈浅黄色时捞出。

3. 锅中留少许油，放入葱、姜、蒜片稍炒，加入料酒、酱油、白糖、醋、盐，加水，把带鱼放入锅中，烧开，转小火慢炖，待带鱼熟透，盛入盘中即可。

营养不长胖：带鱼的蛋白质含量很高，还含有一定量的不饱和脂肪、钾等。但红烧做法用油量较多，导致菜肴热量较高，减肥期间不宜多食。

吃不胖的搭配

红烧带鱼 + 粉蒸茼蒿 + 紫米红豆饭

带鱼有益于减肥人群降血脂，但制作时多用油炸，每次吃一两块即可。

2周1次

吃不胖的搭配

土豆西蓝花饼 + 凉拌豆腐 + 白灼草菇油菜

土豆西蓝花饼

485 千焦/100 克

原料：土豆、西蓝花各 50 克，面粉 100 克，牛奶 50 毫升。

做法：

1. 土豆洗净去皮，切丝；西蓝花洗净，焯烫，切碎。

2. 将土豆丝、西蓝花碎、面粉、牛奶放在一起搅匀。

3. 将搅拌好的面粉糊倒入烤盘中，用烤箱烤制成饼即可。

营养不长胖：土豆含有丰富的膳食纤维，可以通便排毒；西蓝花热量低，清肠和排毒的功效明显，还能有效降低血液中的胆固醇，防止肥胖。

套餐 B 合理减少主食，瘦身别贪快

　　此套餐在做到控制每日摄入总热量的同时，在主食的吃法上做了更为健康的安排，如在主食中加入了蔬菜，或者是做成汤面和粥的形式，在不挨饿的前提下，合理控制主食摄入量，减少碳水化合物的总量，使营养更均衡。

早餐	约 1 887 千焦	9 点前	丝瓜虾仁糙米粥 1 碗（200 克） 海带鸡蛋卷 1 个（150 克） 芹菜拌花生 1 份（150 克）
上午加餐	约 532 千焦	10 点左右	开心果 15 颗
午餐	约 3 069 千焦	13 点前	豆角焖饭 1 碗（250 克） 黄花鱼炖茄子 1 份（200 克） 虾皮紫菜汤 1 份（250 克）
下午加餐	约 536 千焦	15 点左右	西米火龙果汁 1 杯（200 毫升）
晚餐	约 1 506 千焦	19 点前	红烧冬瓜面 1 碗（250 克） 香椿苗拌核桃仁 1 份（150 克）

所提供菜谱仅供参考。

海带鸡蛋卷

368 千焦 /100 克

原料： 海带 100 克，鸡蛋 2 个，生抽、醋、花椒油、香油、盐、鲜贝露调味汁各适量。

做法：

1. 海带洗净，切长条。鸡蛋摊成蛋皮，切成与海带差不多大小的尺寸。

2. 锅内加清水、盐烧开，放入海带煮 10 分钟后过凉水。

3. 海带摊平，铺上蛋皮，沿边卷起，用牙签固定。将鲜贝露调味汁、香油、醋、生抽、花椒油调成汁，佐汁同食即可。

营养不长胖： 鸡蛋能为身体补充蛋白质，海带含有大量不饱和脂肪酸及膳食纤维，可帮助排毒瘦身。

海带鸡蛋卷富含膳食纤维，利于排毒瘦身，还能补充蛋白质。

吃不胖的搭配

海带鸡蛋卷 + 上汤茼蒿 + 凉拌青笋丝

海带鸡蛋卷 + 青菜钵 + 芝麻酱拌茄子

芹菜拌花生

656 千焦 /100 克

原料： 芹菜 250 克，花生仁 80 克，香油、盐各适量。

做法：

1. 花生仁洗净，泡涨后，加适量水煮熟。

2. 芹菜洗净，切成丁，放入开水中焯熟。

3. 将花生仁、芹菜丁放入碗中，加香油、盐搅拌均匀即可。

营养不长胖： 花生仁有润肺止咳、补血的作用；芹菜中含有丰富的蛋白质、钙、磷、胡萝卜素和膳食纤维等，能安抚烦躁的情绪、瘦身减肥。

芹菜拌花生膳食纤维含量高，可加速脂肪代谢。

丝瓜虾仁糙米粥

171 千焦 /100 克

丝瓜虾仁糙米粥清淡可口，热量低，适合减肥食用。

原料： 丝瓜 100 克，虾仁、糙米各 50 克，盐适量。

做法：

1. 提前将糙米清洗后加水浸泡约 1 小时。

2. 将糙米、虾仁洗净一同放入锅中。

3. 加入 2 碗水，用中火煮成粥状。

4. 丝瓜洗净，去皮切块，放入已煮好的粥内，煮一会儿后加盐调味即可。

营养不长胖： 丝瓜虾仁糙米粥清淡可口，可改善食欲，又不会使体重飙升。丝瓜和糙米富含膳食纤维，虾富含钙和铁，三者搭配食用营养丰富，热量也不高。

黄花鱼炖茄子

452 千焦 /100 克

原料: 黄花鱼 1 条, 茄子 100 克, 葱段、姜丝、白糖、豆瓣酱、盐各适量。

做法:

1. 将黄花鱼处理干净; 茄子洗净去皮, 切条。

2. 油锅烧热, 下葱段、姜丝炝锅, 然后放入豆瓣酱、白糖翻炒。

3. 加适量水, 放入茄子条和黄花鱼炖熟, 加盐调味即可。

营养不长胖: 肉质鲜嫩的黄花鱼搭配茄子, 可以补充胡萝卜素、钙、铁、碘等营养素。因黄花鱼富含优质蛋白质, 而茄子的热量不高, 在享受美味的同时不用担心长胖。

吃不胖的搭配

黄花鱼炖茄子 + 凉拌菠菜 + 红豆粳米粥

西米火龙果汁

268 千焦 /100 克

西米火龙果汁具有抗氧化作用, 可清除体内自由基。

原料: 西米 50 克, 火龙果 1 个, 糖适量。

做法:

1. 将西米用开水泡透蒸熟, 火龙果对半剖开, 挖出果肉切成小粒。

2. 锅中加入清水, 加入糖、西米、火龙果粒一起煮开, 盛出食用即可。

营养不长胖: 西米可以健脾、补肺、化痰; 火龙果有排出体内重金属、抗氧化、抗自由基、抗衰老的作用。西米火龙果作为加餐, 营养不增重。

香椿苗拌核桃仁

854 千焦 /100 克

香椿苗拌核桃仁清淡爽口，润肠通便，有利于减脂。

原料： 核桃仁 20 克，香椿苗 150 克，盐、醋、香油各适量。

做法：

1. 香椿苗择好后，洗净滤干水分；核桃仁用温开水浸泡后，去皮备用。

2. 将香椿苗、核桃仁、醋、盐和香油拌匀。如果想吃辣味，可以淋入少许辣椒油。

营养不长胖： 香椿苗拌核桃仁清爽适口，香椿苗富含的维生素和膳食纤维以及核桃富含的油脂都可以有效地帮助润肠通便，用凉拌的方式热量较低，营养不增重。

红烧冬瓜面

331 千焦 /100 克

吃不胖的搭配

红烧冬瓜面 + 蒜蓉木耳 + 水煮大虾

原料： 面条 100 克，冬瓜 80 克，油菜 20 克，生抽、醋、盐、香油、姜末各适量。

做法：

1. 冬瓜洗净，切片；油菜洗净，掰开。

2. 油锅烧热，煸香姜末，放入冬瓜片翻炒，加生抽和适量清水稍煮。

3. 待冬瓜片煮熟透，加醋和盐，即可出锅。

4. 面条和油菜一起煮熟，把煮好的冬瓜片连汤一起浇在面条上，再淋上香油即可。

营养不长胖： 红烧冬瓜面清淡爽口，易于消化。冬瓜的利水功效很强，可以预防和缓解水肿症状，且冬瓜的热量极低，在享受美味的同时不用担心长胖。

套餐 C 严控糖分摄入，加大减肥力度

对于减肥者来说，尤其要避免糖含量较高的食品。如果摄入的糖分过多，多余的糖即转变为脂肪。此套餐在做到控制每日摄入总热量的同时，选择了正确摄取碳水化合物的方式，吃对了不但不会长胖，还能增强饱腹感。

早餐	约 1 971 千焦	9 点前	三丁豆腐羹 1 碗（250 克） 全麦面包 1 片 肉末炒芹菜 1 份（200 克）
上午加餐	约 496 千焦	10 点左右	香蕉 1 根
午餐	约 3 096 千焦	13 点前	杂粮饭 1 碗（200 克） 香菇山药鸡 1 份（250 克） 宫保素三丁 1 份（200 克）
下午加餐	约 477 千焦	15 点左右	红豆西米露 1 杯（200 毫升）
晚餐	约 1 490 千焦	19 点前	西红柿疙瘩汤 1 份（300 克） 芝麻茼蒿 1 份（250 克）

所提供菜谱仅供参考。

三丁豆腐羹

318 千焦 /100 克

原料： 豆腐 300 克，鸡胸肉、西红柿、豌豆各 50 克，盐、香油各适量。

做法：

1. 将豆腐切成块，在开水中煮 1 分钟。

2. 将鸡胸肉洗净，西红柿洗净、去皮，分别切成小丁。

3. 将豆腐块、鸡肉丁、西红柿丁、豌豆放入锅中，加适量水，大火煮沸后，转小火煮 20 分钟。

4. 出锅时加入盐、淋上香油即可。

营养不长胖： 三丁豆腐羹含丰富的蛋白质、钙和维生素 C，有助于增加饱腹感，早上食用可以补充营养，增强体力。

吃不胖的搭配

三丁豆腐羹 + 黄豆胡萝卜小菜 + 鸡蛋饼

三丁豆腐羹含有丰富的蛋白质和维生素 C，好吃不长肉。

264 千焦 /100 克

香菇山药鸡

原料： 山药 100 克，鸡腿 150 克，干香菇 6 朵，葱末、料酒、酱油、白糖、盐各适量。

做法：

1. 山药洗净，去皮，切厚片；干香菇用温水泡软，去蒂，划十字花刀。

2. 将鸡腿洗净，剁块，氽烫，去血沫后冲洗干净。

3. 将鸡腿块、香菇放入锅内，加料酒、酱油、白糖、盐和适量水同煮。

4. 开锅后转小火，10 分钟后放入山药片，煮至汤汁稍干撒上葱末即可。

营养不长胖： 鸡肉、香菇可提高抵抗力，山药能促进消化吸收，三者同食可补养身体，且香菇山药鸡的热量不是很高，适量食用不用担心会增肥。

吃不胖的搭配

香菇山药鸡	香菇山药鸡
+	+
素炒冬瓜	西红柿炒西葫芦
+	+
荷叶莲子粥	芹菜粥

鸡肉富含蛋白质，能产生较强的饱腹感，但是鸡皮中含有较多的脂肪，食用时应去皮。

1周1次

宫保素三丁

372 千焦 /100 克

原料： 土豆 200 克, 红椒、黄椒、黄瓜各 100 克, 花生 50 克, 葱末、白糖、盐、香油、水淀粉各适量。

做法：

1. 将花生过油炒熟；其余食材洗净，切丁。

2. 油锅烧热，煸香葱末，放入所有食材大火快炒，加白糖、盐调味，用水淀粉勾芡，最后淋上香油即可出锅。

营养不长胖： 宫保素三丁含碳水化合物、多种维生素、膳食纤维等各种营养素，营养丰富，有利于减肥。

吃不胖的搭配

宫保素三丁 + 豆干拌小菜 + 红豆饭
宫保素三丁 + 水煮茼蒿 + 麦胚杂粮饭

红豆西米露

238 千焦 /100 克

红豆西米露可益中健脾，改善消化不良。

原料： 红豆 50 克, 牛奶 200 毫升, 西米、白糖各适量。

做法：

1. 红豆提前泡一晚上。

2. 锅中加水煮沸，放入西米，煮到西米中间剩下个小白点，关火闷 10 分钟。

3. 过滤出西米，加入牛奶，放冰箱中冷藏半小时。

4. 红豆加水煮软，煮好的红豆沥干水分，加入白糖拌匀。

5. 把做好的红豆和牛奶西米拌匀，香滑的红豆西米露就做好了。

营养不长胖： 红豆西米露既营养健康又不易增肥。其中红豆中的铁含量相当丰富，具有很好的补血功能；西米有温中健脾、改善消化不良的作用。

西红柿疙瘩汤

368 千焦 /100 克

西红柿疙瘩汤含有
维生素 C 和蛋白质，
好吃不增重。

原料：西红柿 200 克，鸡蛋 1 个，面粉 200 克，盐适量。

做法：

1. 一边往面粉中加水，一边用筷子搅拌成絮状，静置 10 分钟。

2. 鸡蛋打入碗中，搅拌均匀；西红柿洗净，切小块。

3. 油锅烧热，将西红柿块倒入，炒出汤汁，加适量水煮开。

4. 将面疙瘩倒入西红柿汤中煮 3 分钟后，淋入蛋液，加盐调味即可。

营养不长胖：西红柿含有丰富的维生素，鸡蛋中蛋白质、钙的含量十分丰富，能为身体提供能量，又可以很好地帮助控制体重。

芝麻茼蒿

209 千焦 /100 克

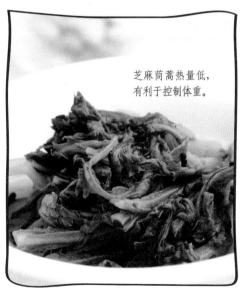

芝麻茼蒿热量低，
有利于控制体重。

原料：茼蒿 200 克，黑芝麻、香油、盐各适量。

做法：

1. 茼蒿洗净，切段，用开水略焯。

2. 油锅烧热，放入黑芝麻过油，迅速捞出。

3. 将黑芝麻撒在茼蒿段上，加适量香油、盐搅拌均匀即可。

营养不长胖：茼蒿含有大量的胡萝卜素，对眼睛很有好处，还有养心安神、稳定情绪的功效，因其热量很低，能有效控制体重。

第 2 天 摄入总热量 7 110 千焦（约 1 700 千卡）

减肥的诀窍在于把摄入的热量和生活方式进行配合，慢慢地减重能够让减肥变得更加简易有效。在减肥的第 2 天我们再次减少热量的摄入，但不要一下子减少太多，否则不仅会使减肥难以坚持下去而导致失败，还会影响身体健康。因此，建议第 2 天摄入总热量控制在 7 110 千焦（约 1 700 千卡）左右。

聪明地补充蛋白质，减脂效果翻倍

蛋白质水解后的物质有利于水分代谢，而且，蛋白质可以维持较长时间的饱腹感，对于控制饮食和食物的摄入量有很大帮助。除此之外，蛋白质不仅不会转化成脂肪，只会被代谢掉，还可以抑制脂肪的产生，所以是很好的减肥食物。

低碳水、高蛋白的方法不可取

说到蛋白质减肥，很多人都会想到"吃肉减肥法"，即吃低碳水、高蛋白的食物。不过，物极必反，这种减肥方法会带来一个直接后果——饱和脂肪摄入过多，而且可能带来情绪上的低落，反而可能引起肥胖。所以建议控制动物蛋白的摄取，适当添加碳水化合物。

宜选择食用优质蛋白

一般来说，动物性食物，如瘦肉、鱼、奶、蛋中的蛋白质都属于优质蛋白质，容易被人体消化吸收，而"优中之优"则是鱼肉中所含的蛋白质。植物性食物中，大豆、葵花子和芝麻中所含的蛋白质为优质蛋白质，其他如米、小麦中所含的蛋白质多为半完全蛋白质或不完全蛋白质，不适合作为补充蛋白质的主要食物来源。

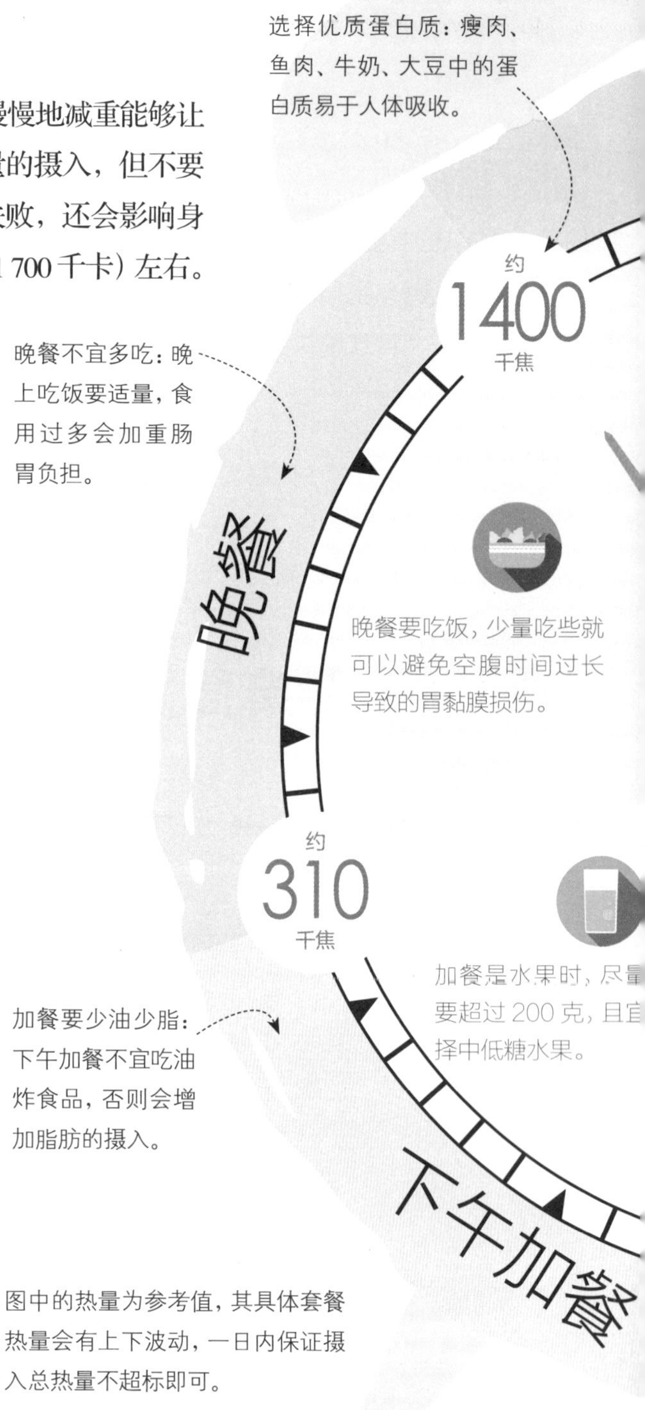

选择优质蛋白质：瘦肉、鱼肉、牛奶、大豆中的蛋白质易于人体吸收。

晚餐不宜多吃：晚上吃饭要适量，食用过多会加重肠胃负担。

约 **1400** 千焦

晚餐

晚餐要吃饭，少量吃些就可以避免空腹时间过长导致的胃黏膜损伤。

约 **310** 千焦

加餐要少油少脂：下午加餐不宜吃油炸食品，否则会增加脂肪的摄入。

加餐是水果时，尽量要超过 200 克，且宜择中低糖水果。

下午加餐

图中的热量为参考值，其具体套餐热量会有上下波动，一日内保证摄入总热量不超标即可。

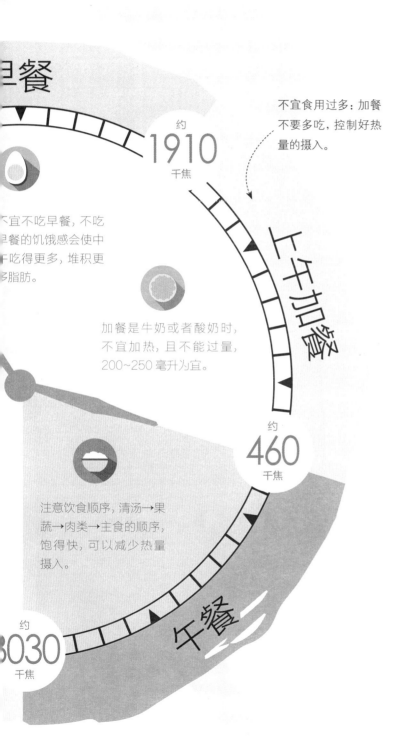

早餐

约 1910 千焦

不宜食用过多：加餐不要多吃，控制好热量的摄入。

不宜不吃早餐，不吃早餐的饥饿感会使中午吃得更多，堆积更多脂肪。

加餐是牛奶或者酸奶时，不宜加热，且不能过量，200~250 毫升为宜。

上午加餐

约 460 千焦

注意饮食顺序，清汤→果蔬→肉类→主食的顺序，饱得快，可以减少热量摄入。

约 3030 千焦

午餐

吃鱼宜清蒸或炖汤

鱼类食品脂肪低、胆固醇低，含有大量的优质蛋白质。常吃鱼对减肥人群来说大有裨益。每周应至少吃一次鱼或虾，尽量吃不同种类的鱼，不要只吃一种鱼。保留营养的最佳方式就是清蒸，用新鲜的鱼炖汤，也是保留营养的好方法，并且特别易于消化。

蛋白质最好食补

现在很多人喜欢用蛋白质粉补充蛋白质，但事实上，蛋白质粉补充蛋白质的效果还比不上鸡蛋，而且通过单纯吃蛋白质粉补充蛋白质，更容易出现营养不良的情况。因此，最好均衡饮食，通过食补的方式补充蛋白质。

不能空腹喝酸奶

酸奶中的乳酸菌不耐受胃酸，空腹喝酸奶，胃酸会使乳酸菌失去活性，使酸奶失去排肠毒的功效。而且酸奶不宜多喝，每天早上和晚上各一杯，或者作为一日中的加餐，这样的搭配较为理想，可以有效控制饥饿，促进消化，帮助减肥。

套餐 A 蛋白质瘦身首先讲究"量"

动物性食物，如牛奶、肉类、蛋类等，植物性食物中的大豆、豆制品等，以及坚果中蛋白质含量较高。此套餐在做到控制每日摄入总热量的同时，选择合理摄取蛋白质的方式，保证你在减肥期间摄入的蛋白质充足而不过量。

早餐	约 1 920 千焦	9 点前	玉米面饼 1 个 南瓜油菜粥 1 碗（250 克）洋葱炒木耳 1 份（200 克）
上午加餐	约 439 千焦	10 点左右	牛奶 1 杯（200 毫升）
午餐	约 3 052 千焦	13 点前	红薯饭 1 碗（250 克）橙香鱼排 1 份（200 克）芦笋西红柿 1 份（250 克）
下午加餐	约 314 千焦	15 点左右	猕猴桃 1 个
晚餐	约 1 385 千焦	19 点前	蛤蜊白菜汤 1 碗（300 克）豆腐油菜心 1 份（200 克）什锦沙拉 1 份（250 克）

所提供菜谱仅供参考。

南瓜油菜粥

285 千焦 /100 克

原料： 大米 50 克，南瓜 40 克，油菜 20 克，盐适量。

做法：

1. 南瓜去皮，去瓤，洗净，切成小丁；油菜洗净，切丝；大米淘洗干净。

2. 锅中放入大米、南瓜丁，加适量水煮熟后，加入油菜丝搅拌均匀，最后加盐调味即可。

营养不长胖： 油菜含有丰富的维生素和矿物质，能增强机体免疫力；南瓜含果胶，有助于排毒。南瓜油菜粥热量低，膳食纤维含量丰富，适量食用可以帮助控制体重。

南瓜油菜粥膳食纤维含量高，热量低，饱腹又健康。

✎◦◦◦ 吃不胖的搭配

南瓜油菜粥 + 上汤苋菜 + 草菇西蓝花

南瓜油菜粥 + 松子拌香椿 + 韭菜炒香干

橙香鱼排

540 千焦 /100 克

🌿吃不胖的搭配

橙香鱼排 + 凉拌豌豆苗 + 山药米饭

原料： 鲷鱼 1 条，橙子 1 个，红椒、冬笋、盐、料酒、淀粉、油各适量。

做法：

1. 将鲷鱼处理干净，切大块，加盐、料酒腌制 10 分钟使之入味；橙子剥皮取果肉，切块；红椒、冬笋洗净后切丁。

2. 油锅烧热，鲷鱼块裹适量淀粉入锅炸至金黄色，捞出控油。

3. 锅中放水烧开，放入橙肉块、红椒丁、冬笋丁，加盐调味，最后用淀粉勾芡，浇在鲷鱼块上即可。

营养不长胖： 鲷鱼的蛋白质含量较高，橙子富含维生素 C，二者搭配能提高身体的免疫力，适量食用既滋补身体，又不需要担心体重飙升。

鲷鱼富含蛋白质，但油炸过后的鱼排脂肪高，不宜多食。

2周1次

青椒洋葱炒木耳既可以缓解便秘，又可以杀菌抗氧化。

青椒洋葱炒木耳

148 千焦 /100 克

原料： 黑木耳（干）10 克，青椒 1 个，洋葱 1 个，生抽、鸡精、盐各适量。

做法：

1. 黑木耳泡发，洗净后撕成小朵，挤干水分备用；洋葱切片；青椒洗净切片。

2. 油锅烧热后，下入洋葱、青椒和发好的黑木耳，用大火爆炒一分钟。

3. 调入适量盐、生抽和鸡精，翻炒片刻，出锅即可。

营养不长胖： 黑木耳含有丰富的膳食纤维，能促进胃肠蠕动，防止便秘；洋葱不含脂肪，可以杀菌、抗氧化。搭配就是一道美味的减肥菜肴。

芦笋西红柿

151 千焦/100 克

吃不胖的搭配

芦笋西红柿 + 金枪鱼蔬菜沙拉 + 燕麦黑米饭

原料：芦笋 6 根，西红柿 2 个，盐、香油、葱末、姜片各适量。

做法：

1. 西红柿洗净，切片；芦笋去皮、洗净切段，焯烫后捞出，切成小段。

2. 油锅烧热，煸香葱末和姜片，放入芦笋段、西红柿片一起翻炒。

3. 翻炒至八成熟时，加适量盐、香油，翻炒均匀即可出锅。

营养不长胖：芦笋、西红柿颜色鲜艳，易刺激食欲，还富含维生素 C，再加上芦笋富含膳食纤维，能促进消化，改善便秘，食用后不用担心会增加太多热量。

蛤蜊白菜汤

113 千焦/100 克

蛤蜊白菜汤清淡少油，润肠排便，利于控制体重。

原料：蛤蜊 250 克，白菜 100 克，姜片、盐、香油各适量。

做法：

1. 在清水中滴入少许香油，将蛤蜊放入，让蛤蜊彻底吐净泥沙，冲洗干净，备用；白菜洗净，切块。

2. 锅中放水、盐和姜片煮沸，把蛤蜊和白菜一同放入。

3. 转中火继续煮，蛤蜊张开壳、白菜熟透后即可关火。

营养不长胖：蛤蜊白菜汤清淡可口，蛋白质、钾、锌含量丰富，可促进消化。蛤蜊有消水肿的功效，白菜有润肠、排毒的功效，所含热量低，有助于控制体重。

豆腐油菜心

268千焦/100克

原料：油菜200克，豆腐100克，香菇、冬笋各25克，香油、葱末、盐、姜末各适量。

做法：

1. 香菇、冬笋分别洗净切丝，油菜取中间嫩心。

2. 豆腐压成泥，放入香菇丝、冬笋丝、盐拌匀，蒸10分钟，菜心放周围。

3. 在油锅内爆香葱末、姜末，加少许水烧沸撇沫，淋上香油，浇在豆腐和油菜心上即可。

营养不长胖：油菜是钙含量比较高的蔬菜，与豆腐搭配补钙效果更好，营养丰富还不易增重，是一道非常有益于补钙的菜品。

豆腐油菜心富含钙质，营养丰富不长肉。

什锦沙拉

209千焦/100克

原料：生菜、黄椒、圣女果、芦笋、紫甘蓝各50克，盐、沙拉酱各适量。

做法：

1. 将生菜、黄椒、圣女果、芦笋、紫甘蓝分别洗净，并用温水加盐浸泡15分钟，分别切块、切丝，备用。

2. 芦笋在开水中略微焯烫，捞出沥干后切段。

3. 将生菜、黄椒、圣女果、芦笋、紫甘蓝装盘，挤入沙拉酱，搅拌均匀即可。

营养不长胖：由多种低热量食材制作成的什锦沙拉含有丰富的膳食纤维和多种维生素，可以促进肠道蠕动，帮助消化，可以大快朵颐还不用担心长胖。

什锦沙拉含有多种维生素和膳食纤维，能加速代谢，减少脂肪堆积。

套餐 B 寻找更"瘦"的蛋白质来源

　　减肥，对摄取的蛋白质虽然有"量"的要求，但更重要的是"质"。换句话说，蛋白质不是越多越好，而是越优越好。此套餐在做到控制每日摄入总热量的同时，选择了更好的蛋白质食物，并用了更优的烹饪方法，以保证做到优质、多样地摄入蛋白质。

早餐	约 1 899 千焦	9 点前	燕麦牛奶馒头 1 个 煮鸡蛋 1 个 凉拌黑木耳 1 份（200 克）
上午加餐	约 481 千焦	10 点左右	脱脂酸奶 1 杯（200 毫升）
午餐	约 3 021 千焦	13 点前	杂粮饭 1 碗（200 克） 清蒸鲈鱼 1 份（200 克） 清炒莜麦菜 1 份（200 克）
下午加餐	约 305 千焦	15 点左右	菠萝 1 块
晚餐	约 1 406 千焦	19 点前	猪瘦肉菜粥 1 碗（250 克） 橄榄菜炒四季豆 1 份（200 克） 芥菜干贝汤 1 碗（200 克）

所提供菜谱仅供参考。

494 千焦 /100 克

清蒸鲈鱼

原料： 鲈鱼 1 条，姜末、葱丝、盐、料酒、蒸鱼豉油、香菜叶各适量。

做法：

1. 将鲈鱼去鳞、鳃、内脏，洗净，两面划几刀，抹匀盐和料酒后放盘中腌制 5 分钟。

2. 将葱丝、姜末铺在鲈鱼身上，上蒸锅蒸 15 分钟，淋上蒸鱼豉油，撒上香菜叶即可。

营养不长胖： 鲈鱼富含优质蛋白质，清蒸后肉质鲜嫩，常食可滋补健身、提高身体免疫力，是增加营养又不会长胖的美食。

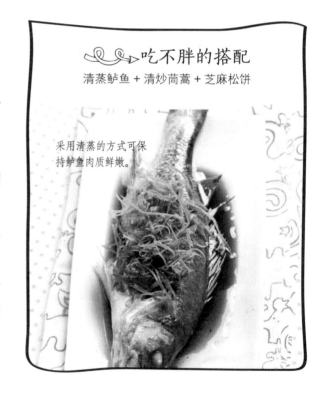

吃不胖的搭配

清蒸鲈鱼 + 清炒茼蒿 + 芝麻松饼

采用清蒸的方式可保持鲈鱼肉质鲜嫩。

209 千焦/100 克

芥菜干贝汤

芥菜干贝汤补充蛋白质和钙、锌等矿物质。

原料： 芥菜 250 克，干贝肉 10 克，鸡汤 200 克，香油、盐各适量。

做法：

1. 将芥菜洗净，切段。

2. 干贝肉洗净，加水煮软。

3. 锅中放入鸡汤、芥菜段、干贝肉，煮熟后加香油、盐调味即可。

营养不长胖： 干贝含有多种人体必需的营养素，如蛋白质、钙、锌等，具有滋阴补肾、和胃调中的功效，对脾胃虚弱的人有很好的食疗作用，同时不会增加太多热量。

175 千焦/100 克

猪瘦肉菜粥

吃不胖的搭配

猪瘦肉菜粥 + 菠菜炒鸡蛋 + 凉拌莴苣

原料： 大米 80 克，猪瘦肉丁 20 克，青菜 60 克，酱油、盐各适量。

做法：

1. 大米洗净；青菜洗净，切碎。

2. 油锅烧热，倒入猪瘦肉丁翻炒，再加入酱油、盐，加入适量水，将大米放入锅内。

3. 米煮熟后，加入青菜碎，煮至熟烂为止。

营养不长胖： 猪瘦肉菜粥荤素搭配，营养丰富且易吸收，熬成粥后，能增加饱腹感。因热量较低，在享受美味的同时，不必担心体重会飙升，很适合减肥人群食用。

第 3 天 摄入总热量 6 690 千焦（约 1 600 千卡）

　　减肥的最终目的在于通过调整饮食习惯，使体重保持在适宜的范围而不反弹，并不是一蹴而就的，要不然一不注意又会被打回原形。进入第 3 天，热量减少的幅度还是控制在 418 千焦（约 100 千卡），要让身体慢慢适应热量减少的节奏，这样不会有较大抵触反应，这就是养成一个良好饮食习惯的开始。减肥第 3 天，建议摄入总热量控制在 6 690 千焦（约 1 600 千卡）左右。

有效摄入维生素，美容又瘦身

　　不同维生素对人体产生的影响不同。如：维生素 B_1 可加速碳水化合物的代谢；维生素 B_2 可促进脂肪的分解；维生素 B_6 有利于蛋白质的分解和氨基酸的合成；维生素 C 抗氧化性强，可以帮助加速体内脂肪的燃烧。保证维生素的摄入，可以消除饥饿感，帮助减肥瘦身的人更加轻松地减肥。

补充 B 族维生素有讲究

　　B 族维生素必须每天补充，因为 B 族维生素是水溶性维生素，多余的 B 族维生素不会贮藏于体内，而是被完全排出体外。为了防止 B 族维生素大量流失，应避免使用焖、煎、炸、煲等烹调手段。B 族维生素不可过量，如烟酸过量就会出现口腔溃疡和肝脏受损的症状。

怎样减少蔬菜中维生素 C 的流失

　　维生素 C 在接近 80℃ 时就会被破坏，也就不能被机体所用了。正确烹饪蔬菜的方法是开汤下菜或者用带油的热汤烫菜。针对维生素 C 含量高的、适合生吃的蔬菜，应尽可能凉拌生吃或者在沸水中焯 1~2 分钟再拌着吃。

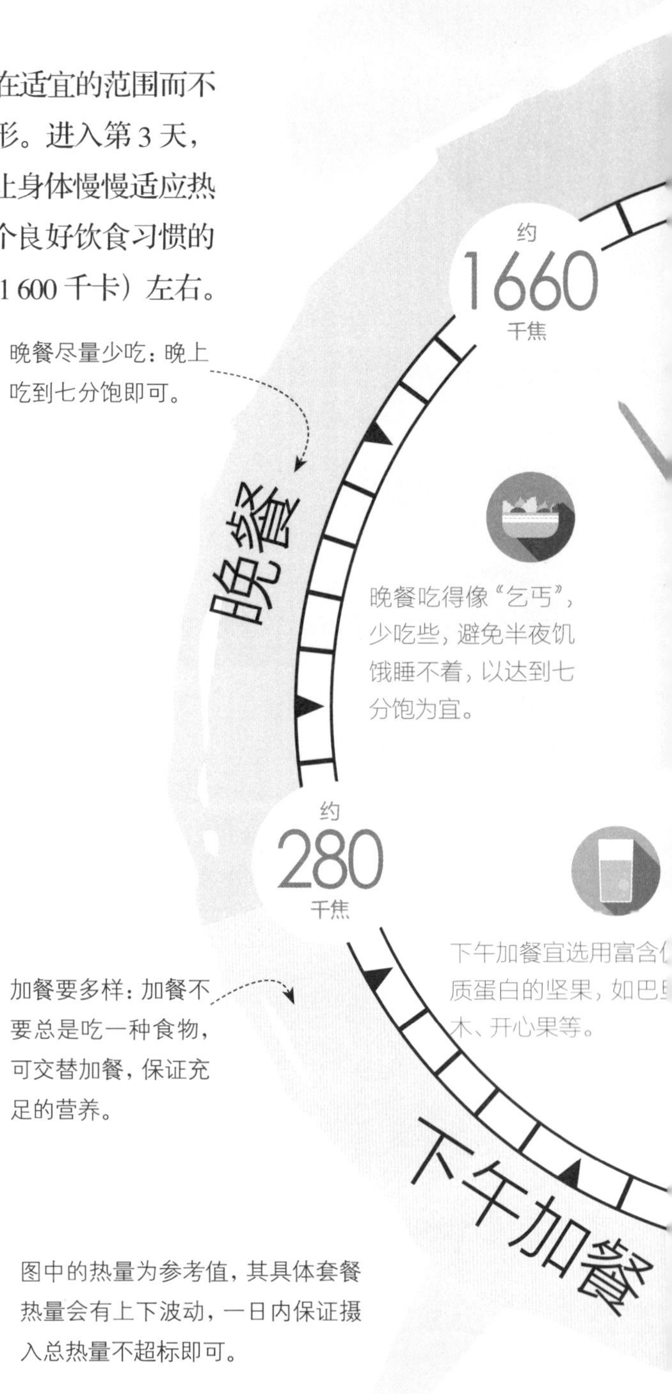

约 1660 千焦

晚餐尽量少吃：晚上吃到七分饱即可。

晚餐

晚餐吃得像"乞丐"，少吃些，避免半夜饥饿睡不着，以达到七分饱为宜。

约 280 千焦

加餐要多样：加餐不要总是吃一种食物，可交替加餐，保证充足的营养。

下午加餐宜选用富含优质蛋白的坚果，如巴旦木、开心果等。

下午加餐

图中的热量为参考值，其具体套餐热量会有上下波动，一日内保证摄入总热量不超标即可。

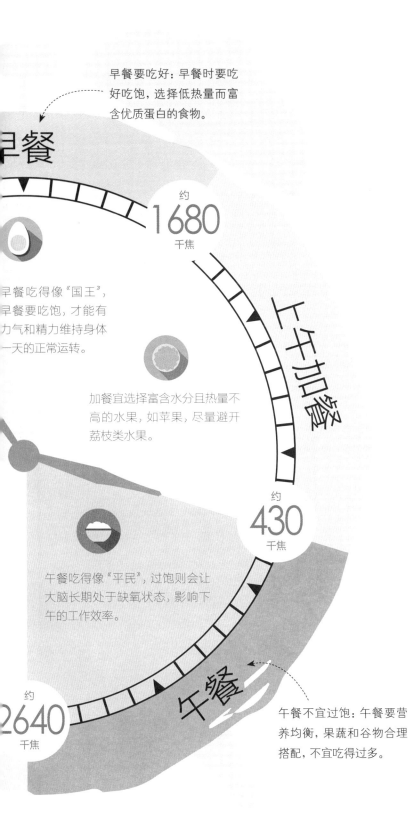

早餐要吃好：早餐时要吃好吃饱，选择低热量而富含优质蛋白的食物。

早餐

约 **1680** 千焦

上午加餐

早餐吃得像"国王"，早餐要吃饱，才能有力气和精力维持身体一天的正常运转。

加餐宜选择富含水分且热量不高的水果，如苹果，尽量避开荔枝类水果。

约 **430** 千焦

午餐吃得像"平民"，过饱则会让大脑长期处于缺氧状态，影响下午的工作效率。

约 **2640** 千焦

午餐

午餐不宜过饱：午餐要营养均衡，果蔬和谷物合理搭配，不宜吃得过多。

辛辣食物不可多食

有报道称辣椒含有辣椒素，可以燃烧脂肪，能起到减肥作用。其实，吃太多辛辣食物反而对胃肠道功能有影响，还会增加对胃黏膜的刺激，引起胃出血。而且吃太多刺激性食物会令皮肤变得粗糙，容易长暗疮，会得不偿失。

选对食物，改善焦虑

因为减肥最开始要改变以往的饮食习惯，很容易让很多人产生焦虑的心情，这时不妨多摄取富含B族维生素、维生素C、镁、锌的食物以改善焦虑，比如：深海鱼、鸡蛋、牛奶、空心菜、菠菜、西红柿、豌豆、红小豆、香蕉、梨、葡萄柚、木瓜、香瓜、坚果类和谷类等。

煮粥不宜放碱

有人煮粥时放食用碱让粥软烂，这样做是不健康的。因为煮粥用的大米、小米等谷物都富含维生素，其中维生素 B_1、维生素 B_2 和维生素 C 在碱性环境中很容易被分解。煮粥时不要放碱，可以添加些糯米、燕麦等增加黏稠度。

套餐 A　B 族维生素，维持正常代谢不可或缺的营养素

B 族维生素多存在于谷类和动物性食物中，如小米、大米、麦麸、动物肝脏、肉类等。此套餐在保证控制了每日摄入总热量的同时，巧妙地选择和搭配食材，保证摄入的 B 族维生素充足而不过量。"吃饱"了 B 族维生素，离曼妙身材也就不远了。

早餐	约 1 674 千焦	9 点前	燕麦粥 1 碗（200 克） 肉蛋羹 1 份（200 克）麻酱素什锦 1 份（250 克）
上午加餐	约 439 千焦	10 点左右	脱脂牛奶 1 杯（200 毫升）
午餐	约 2 666 千焦	13 点前	小米饭 1 碗（200 克）玉米牛蒡排骨汤 1 份（200 克）草菇烧芋圆 1 份（150 克）
下午加餐	约 293 千焦	15 点左右	柑橘 1 个
晚餐	约 1 622 千焦	19 点前	三色肝末 1 碗（200 克）玉米鸡丝粥（200 克）豆腐油菜心 1 份（200 克）

所提供菜谱仅供参考。

肉蛋羹

272 千焦 /100 克

原料： 猪里脊肉 60 克，鸡蛋 1 个，盐、香油各适量。

做法：

1. 猪里脊肉洗净，剁成泥。

2. 鸡蛋打入碗中，加入和鸡蛋液一样多的凉开水，加入肉泥，放少许盐，朝一个方向搅匀，上锅蒸 15 分钟。

3. 出锅后，淋上香油即可。

营养不长胖： 肉蛋羹有利于消化吸收，常吃可以补充营养，且易饱腹。不油炸、少盐的做法有利于控制体重。

吃不胖的搭配

肉蛋羹 + 蒜泥拍黄瓜 + 菠菜饼

肉蛋羹 + 蔬菜拌鸡丝 + 油菜包子

肉蛋羹为人体补充优质蛋白，且易于消化吸收。

268 千焦 /100 克

玉米牛蒡排骨汤

原料： 新鲜玉米 2 段，排骨 100 克，牛蒡、胡萝卜各半根，盐适量。

做法：

1. 排骨洗净，斩段，余烫去血沫，用清水冲洗干净。

2. 胡萝卜洗净，去皮，切块；牛蒡去掉表面的黑色外皮，切成小段。

3. 把排骨、牛蒡段、胡萝卜块、玉米段放入锅中，加适量清水，大火煮开，转小火再炖至排骨熟透，出锅时加盐调味即可。

营养不长胖： 牛蒡含有一种非常特殊的营养成分，有强壮筋骨、增强体力、养生保健的功效。且此菜富含膳食纤维，食用后，可促进胃肠蠕动，帮助排便。

吃不胖的搭配

玉米牛蒡排骨汤	玉米牛蒡排骨汤
+	+
香椿芽拌豆腐	拌豌豆苗
+	+
全麦馒头	玉米饼

排骨营养丰富，含丰富的蛋白质，能够增强体力，但是排骨属于高热量食物，一次性不能多吃。

1周1次

麻酱素什锦

255 千焦 /100 克

吃不胖的搭配

麻酱素什锦 + 蒜薹炒鸡蛋 + 鲜豌豆小米粥

原料： 白萝卜、圆白菜、黄瓜、生菜、白菜各 50 克，芝麻酱 30 克，盐、酱油、醋、白糖各适量。

做法：

1. 将准备好的所有蔬菜择洗干净，切成细丝，用凉开水浸泡，捞出沥干，放入大碗中。

2. 取适量芝麻酱，加凉开水搅开，再加入盐、酱油、醋、白糖搅匀，最后淋在蔬菜上即可。

营养不长胖： 麻酱素什锦口感凉爽清脆，富含营养不增重。而且蔬菜生吃可最大限度保留营养成分，还可以增进食欲，超重的人可以经常食用。

草菇烧芋圆

577 千焦 /100 克

草菇烧芋圆促进脂肪代谢，营养丰富不易增重。

原料： 芋头 120 克，鸡蛋 2 个，草菇 150 克，面粉、面包糠、酱油、盐、葱花各适量。

做法：

1. 芋头去皮洗净，煮熟捣烂；鸡蛋磕入碗中，搅匀；草菇洗净，切块。

2. 将芋泥与面粉混合，做成丸子，裹上鸡蛋液，蘸面包糠，放入热油锅炸至金黄色，捞出沥油。

3. 锅中留油烧热，加入芋圆与草菇块，倒入适量水，加酱油、盐，撒葱花炖煮至熟。

营养不长胖： 草菇富含维生素 C，能促进新陈代谢，促进脂肪燃烧，而芋头能促进消化。草菇烧芋圆口感嫩滑，是一款营养丰富且不易增重的菜品。

三色肝末

356 千焦 /100 克

三色肝末可以为人体补充多种营养，又不会增重。

原料：猪肝、西红柿各 100 克，胡萝卜半根，洋葱半个，菠菜 20 克，肉汤、盐各适量。

做法：

1. 将猪肝、胡萝卜分别洗净，切碎；洋葱剥去外皮切碎；西红柿洗净切丁；菠菜择洗干净，用开水烫过后切碎。

2. 分别将切碎的猪肝、洋葱、胡萝卜放入锅内并加入肉汤煮熟，再加入西红柿丁、菠菜碎、盐，煮熟即可。

营养不长胖：三色肝末清香可口，明目功效显著；洋葱可补充硒元素，还可以杀菌消炎，吃它不用担心体重飙升。

玉米鸡丝粥

184 千焦 /100 克

吃不胖的搭配

玉米鸡丝粥 + 全麦蔬菜包子 + 蒜泥茄子

原料：鸡肉、大米、玉米粒各 50 克，芹菜 20 克，盐适量。

做法：

1. 将大米、玉米粒洗净；芹菜洗净，切丁；鸡肉洗净，煮熟后捞出，撕成丝。

2. 将大米、玉米粒、芹菜丁放入锅中，加适量清水，煮至快熟时加入鸡丝，煮熟后加盐调味即可。

营养不长胖：玉米鸡丝粥富含多种营养，且热量不高，食用后有祛湿解毒、润肠通便的功效，清香的口感还能帮助缓解紧张感。

套餐 B　维生素 C，适量摄入帮助提高脂肪代谢效率

维生素 C 广泛存在于蔬菜、水果中,辣椒、花菜、黄瓜、西红柿、橙子、橘子、葡萄中都含有丰富的维生素 C。一两个鲜橙基本上就可以保证人体一天的维生素 C 需求。此套餐在保证控制了每日摄入总热量的同时,在部分食材中选择了富含维生素 C 的蔬菜和水果,以保证身体每日的维生素需求。

早餐	约 1 632 千焦	9 点前	西红柿鸡蛋汤面 1 碗（250 克） 双鲜拌金针菇 1 份 (150 克)
上午加餐	约 293 千焦	10 点左右	橙子 1 个
午餐	约 2 803 千焦	13 点前	米饭 1 碗（200 克） 奶香菜花（200 克） 柠檬煎鳕鱼 1 份（200 克）
下午加餐	约 205 千焦	15 点左右	圣女果 10 个
晚餐	约 1 757 千焦	19 点前	烤鱼青菜饭团 3 个 珍珠三鲜汤 1 碗（200 克）

所提供菜谱仅供参考。

405 千焦 /100 克

西红柿鸡蛋汤面

原料: 鸡蛋 1 个,西红柿 1 个,油菜 1 棵,面条 100 克,葱、盐、香油各适量。

做法:

1. 将西红柿洗净,顶部划十字刀,用开水烫一下,去皮,切成小块;油菜掰散洗净;葱切末;鸡蛋打散炒成型备用。

2. 锅内放油,油热后放入葱花煸香,再放入西红柿块煸炒,将西红柿煸炒出汁,放入盐和适量的水。

3. 水开后,放入面条,面条煮至半透明时放入炒好的鸡蛋,放入油菜叶略煮,出锅前滴几滴香油即可。

营养不长胖: 西红柿鸡蛋面易于消化,且热量适中,是一道美味的瘦身营养餐。如果煮面时少放面条,多加入一些蔬菜,热量会更低,更有利于减肥。

西红柿鸡蛋汤面营养丰富,热量不高,美味又健康。

双鲜拌金针菇

402 千焦 /100 克

双鲜拌金针菇热量和脂肪含量都很低，有助于瘦身减脂。

原料： 金针菇 100 克，鲜鱿鱼 50 克，熟鸡胸肉 50 克，姜、盐、芝麻油各适量。

做法：

1. 金针菇洗净，去根，放入沸水锅中焯熟后捞出；姜切片。

2. 鲜鱿鱼去净外膜，切花刀，与姜片一并放入沸水锅余熟，捞出鱿鱼卷过凉。将熟鸡胸肉切成细丝，放入沸水锅余热，捞出后沥水。

3. 金针菇、鱿鱼丝、鸡胸肉丝加盐、芝麻油拌匀，装盘即成。

营养不长胖： 金针菇具有低热量、高蛋白、低脂肪的特点，食用可以降低胆固醇、抵抗疲劳，但鱿鱼热量比较高，凉拌时可以减少鱿鱼的量。

奶香菜花

222 千焦 /100 克

奶香菜花膳食纤维含量高，可以加速脂肪代谢。

原料： 菜花 300 克，牛奶 125 毫升，胡萝卜 1/4 根，玉米粒、豌豆各 50 克，盐适量。

做法：

1. 菜花掰小朵，洗净；胡萝卜洗净，切丁；菜花和胡萝卜煮至六成熟，捞出。

2. 油锅烧热，倒入菜花翻炒，加入胡萝卜丁和玉米粒。

3. 最后加牛奶、豌豆翻炒至熟，加盐调味即可。

营养不长胖： 奶香菜花富含抗氧化物质、叶酸和膳食纤维，适合想要瘦身的人食用，滋补身体又不会过多增重。

烤鱼青菜饭团

498 千焦/100 克

烤鱼青菜饭团营养全面丰富，饱腹感强。

原料： 米饭 100 克，熟鳗鱼肉（鳗鱼肉用烤箱烤脆而成）150 克，青菜叶 50 克，盐适量。

做法：

1. 将熟鳗鱼肉用盐抹匀，切末；青菜叶洗净切丝。

2. 青菜丝、熟鳗鱼肉末拌入米饭中。

3. 取适量拌好的米饭，根据喜好捏成各种形状的饭团。

4. 平底锅放适量油烧热，将捏好的饭团稍煎即可。

营养不长胖： 烤鱼青菜饭团包含主食、肉类和蔬菜，富含蛋白质、脂肪、钙、磷等营养素，是一款营养不长肉的美味佳肴。

珍珠三鲜汤

234 千焦/100 克

吃不胖的搭配

珍珠三鲜汤 + 西芹炒百合 + 玉米饼

原料： 鸡胸肉、胡萝卜、豌豆各 50 克，西红柿 100 克，鸡蛋清、盐、淀粉各适量。

做法：

1. 豌豆洗净；胡萝卜、西红柿分别洗净，切丁；鸡胸肉洗净，剁成肉泥。

2. 把鸡蛋清、鸡肉泥、淀粉放在一起搅拌，捏成丸子。

3. 锅中添水，加入所有食材煮熟，加盐调味即可。

营养不长胖： 本汤食材丰富，营养均衡，鸡肉中含有多种氨基酸，豌豆富含维生素 B_1，与富含维生素 C 的西红柿同食，饱腹又瘦身。

523 千焦/100 克

柠檬煎鳕鱼

吃不胖的搭配

柠檬煎鳕鱼	柠檬煎鳕鱼
+	+
香菇豆腐塔	香菇炒菜花
+	+
发面饼	荞麦凉面

原料： 鳕鱼肉 200 克，柠檬 1 个，鸡蛋清、盐、水淀粉各适量。

做法：

1. 将鳕鱼肉洗净，切小块，加入盐腌制片刻，挤入适量柠檬汁。

2. 将腌制好的鳕鱼块裹上鸡蛋清和水淀粉。

3. 油锅烧热，放入鳕鱼煎至两面金黄即可出锅装盘。

营养不长胖： 鳕鱼属于深海鱼类，属于低脂肪、高蛋白食物，加入适量的柠檬汁，能有效去腥，二者搭配，美味有营养，还可以较好地控制体重。

鳕鱼脂肪含量低，富含优质蛋白，减肥时适量食用可以控制体重。

鳕鱼肉中所含脂肪只有 0.5%，比三文鱼低，
煎制时可选用不粘锅以减少油的用量，达到瘦身的效果。

1周1次

套餐 C 维生素 D，不可低估的瘦身素

　　天然食物中维生素 D 的含量较低，食物中大多是以维生素 D 原的形式存在。维生素 D 原多存在于动物性食物中，尤其是动物肝脏。如鱼肝，其他还有海鱼和鱼卵、蛋黄、奶油等。奶、瘦肉、坚果中也含有微量的维生素 D 原，而植物性食物，如谷物、蔬菜、水果中几乎不含维生素 D 原。因此，减肥过程中一不注意就容易造成维生素 D 的缺失。本套餐在保证控制了每日摄入总热量的同时，重点加入了含有维生素 D 原的食物。

早餐	约 1 606 千焦	9 点前	香菇疙瘩汤 1 碗（250 克） 煮鸡蛋 1 个 豆角烧荸荠 1 份（200 克）
上午加餐	约 544 千焦	10 点左右	低脂酸奶 1 杯
午餐	约 2 427 千焦	13 点前	牛肉焗饭 1 碗（200 克） 东北乱炖 1 份（250 克） 豆苗鸡肝汤 1 碗（200 克）
下午加餐	约 356 千焦	15 点左右	核桃 2 个
晚餐	约 1 757 千焦	19 点前	香菇荞麦粥 1 碗(250 克) 金枪鱼蔬菜沙拉 1 份（200 克）

所提供菜谱仅供参考。

香菇荞麦粥

202 千焦 /100 克

原料： 大米 200 克，荞麦 50 克，干香菇 2 朵。

做法：

1. 干香菇泡发，切成细丝。

2. 大米和荞麦淘洗干净，放入锅中，加适量水，开大火煮。

3. 沸腾后放入香菇丝，转小火，慢慢熬制成粥。

营养不长胖： 荞麦能增强饱腹感，而且荞麦热量较低，不用担心长胖；香菇中的维生素 D 原被人体吸收后，还可以增强人体抗病能力。

吃不胖的搭配

香菇荞麦粥 + 香菜拌黄豆 + 菠菜炒鸡蛋

香菇荞麦粥 + 猪肝拌黄瓜 + 芦笋西红柿

香菇荞麦粥热量低，饱腹感强，可控制食量。

豆苗鸡肝汤

184 千焦/100 克

豆苗鸡肝汤含有多种维生素和胡萝卜素，利尿消肿。

原料： 嫩豆苗 30 克，鸡肝 100 克，姜末、料酒、盐、香油、鸡汤各适量。

做法：

1. 鸡肝洗净，切片，用料酒腌制，放入开水中汆烫，捞出沥干；嫩豆苗择洗干净。

2. 锅置火上，倒入鸡汤，烧开后放入鸡肝片、豆苗、姜末，加入料酒、盐烧沸，最后淋上香油即可。

营养不长胖： 鸡肝中维生素 D 原含量虽然少，但同其他食物相比是丰富的；豆苗含 B 族维生素、维生素 C 和胡萝卜素，有利尿消肿、助消化的作用。适合想要控制体重的人食用。

金枪鱼蔬菜沙拉

297 千焦/100 克

原料： 水浸金枪鱼、圣女果、玉米粒、生菜各 50 克，丘比沙拉酱（脂肪减半香甜味）适量。

做法：

1. 水浸金枪鱼倒出，沥干；玉米粒煮熟，沥干；圣女果切成小块；生菜撕成大片。

2. 将金枪鱼、玉米粒、圣女果、生菜与沙拉酱搅拌，装盘即可。

营养不长胖： 金枪鱼是深海鱼类，是一种不可多得的高蛋白、低脂肪的健康食物。金枪鱼含有丰富的鱼油，能补充维生素 D，有助于钙质吸收。与蔬菜搭配制作成沙拉，热量低又饱腹，很适合作为晚餐食用。

第4天 摄入总热量5 860 千焦（约1 400 千卡）

到了第4天，摄入的热量再次减少，控制在5 860千焦（约1 400千卡）左右。真正的挑战来了——心理饥饿，热量的摄入短时间内持续减少，难免会有压抑情绪，一爆发很可能突变为暴饮暴食。这时你需要调整心态，坚定减脂瘦身的决心，合理搭配食物，学会聪明地进行选择并有节制地享受你所能获得的食物。

摄入优质脂肪，精神足气色佳

食用油主要分为动物油和植物油，动物油的饱和脂肪含量高，常见的如猪油、牛油、奶油、黄油等，都需要少吃。而植物油中大部分为不饱和脂肪，常见的有芝麻油等熟菜油。秋刀鱼等深海鱼，杏仁等果仁类，都可以起到很好的助瘦效果。不过不同的植物油，脂肪酸的构成不同，各具营养特点，因此还应该经常更换家里食用油的种类。

掌握吃肉技巧，吃肉不长肉

1.拒绝食用过度加工的肉，买纯天然、无添加的肉自己烹饪。2.选择蛋白质含量相对高一些、脂肪含量低些的肉类，如油脂较少的猪瘦肉、牛肉、鱼肉、鸡胸脯肉等。3.拒绝油炸的烹调方式，尽可能地选用蒸、煮、炖、拌的烹调方式。4.吃肉不过量，肉摄入量应该小于总摄入食物的1/4。

越质地肥美的肉食越要提防

越质地肥美的肉，其脂肪含量就越高。各种肉类所含脂肪量对比：炖汤老母鸡和乌鸡脂肪含量约为3%，鱼的脂肪含量为3%~5%，烤鸭的脂肪含量可达30%以上，肥肉脂肪含量则高达90%。因此，最好选择低脂肪的肉类。

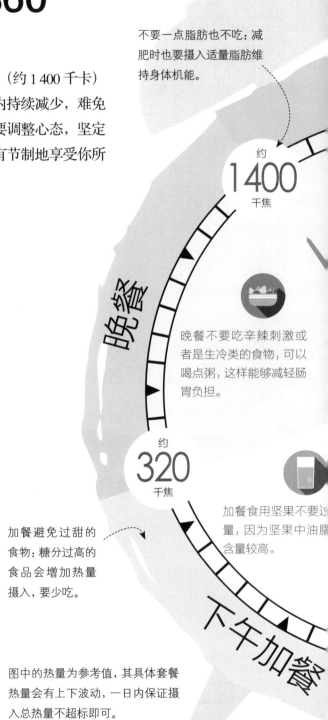

不要一点脂肪也不吃：减肥时也要摄入适量脂肪维持身体机能。

约 1400 千焦

晚餐

晚餐不要吃辛辣刺激或者是生冷类的食物，可以喝点粥，这样能够减轻肠胃负担。

约 320 千焦

加餐食用坚果不要过量，因为坚果中油脂含量较高。

加餐避免过甜的食物：糖分过高的食品会增加热量摄入，要少吃。

下午加餐

图中的热量为参考值，其具体套餐热量会有上下波动，一日内保证摄入总热量不超标即可。

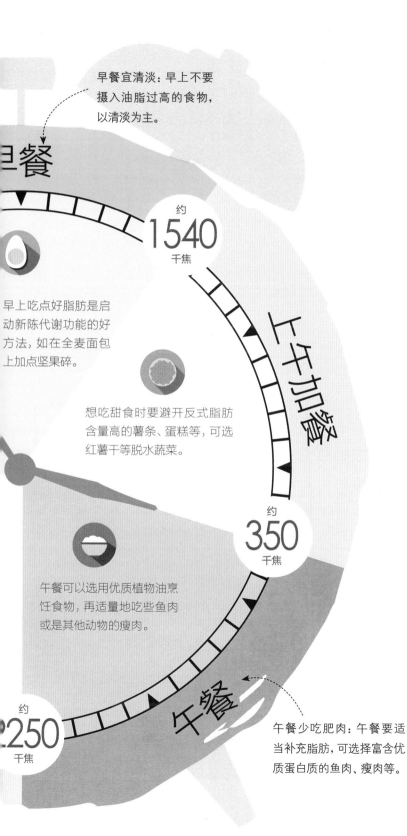

早餐宜清淡：早上不要摄入油脂过高的食物，以清淡为主。

约 **1540** 千焦

上午加餐

早上吃点好脂肪是启动新陈代谢功能的好方法，如在全麦面包上加点坚果碎。

想吃甜食时要避开反式脂肪含量高的薯条、蛋糕等，可选红薯干等脱水蔬菜。

约 **350** 千焦

午餐可以选用优质植物油烹饪食物，再适量地吃些鱼肉或是其他动物的瘦肉。

约 **250** 千焦

午餐

午餐少吃肥肉：午餐要适当补充脂肪，可选择富含优质蛋白质的鱼肉、瘦肉等。

稀释食物的调味品

健康低热量的蔬菜或水果上撒上沙拉酱，会立即增加热量。可以试着稀释沙拉酱，如：在沙拉酱里面加入柠檬汁、磨碎的鳄梨或原味脱脂酸奶等。最重要的是，经过稀释后，味蕾几乎觉察不到其中的差别，保持美味的同时，可以使脂肪的含量有所降低。

肉煮七成熟再炒

把肉煮到七成熟再切片炒，这样就不必为炒肉单独放一次油。炒菜时等到其他食材半熟时，再把肉片放进去，不用额外加入脂肪，一样很香，不影响味道。同时，肉里面的油在煮的时候又出来一部分，肉里面的脂肪总量也减少了。

选择正确的烹调方法

用于煎炸的食材放在烤箱里烤一下，脂肪含量能有显著的降低。在烹调前可将肉类中可见脂肪去掉，并在烹调后倒掉浮于表面的油脂，用生粉加水或清汤等低脂材料做汁料，用植物油替代猪油等动物脂肪。

套餐 A　优质脂肪吃得巧，减肥更轻松

　　大幅度地减少脂肪的摄取，食物的口味将会发生变化，吃得少更容易控制进食量。更何况好的脂肪还能促进身体机能调整，有利于减肥。此套餐在保证控制了每日摄入总热量的同时，巧妙地选择了健康的脂肪和合适的烹饪方法，既能满足口腹之欲，还能帮助减肥。

早餐	约 1 548 千焦	9 点前	南瓜葵花子粥 1 碗（200 克）　鸡蛋玉米羹 1 碗（150 克）　丝瓜金针菇 1 份（200 克）
上午加餐	约 335 千焦	10 点左右	开心果 10 颗
午餐	约 2 301 千焦	13 点前	红薯饭 1 碗（200 克）　彩椒洋葱三文鱼粒 1 份（200 克）　琵琶豆腐 1 份（150 克）
下午加餐	约 254 千焦	15 点左右	草莓 10 个
晚餐	约 1 422 千焦	19 点前	菠菜鸡蛋饼 1 个　樱桃萝卜牛油果沙拉 1 份（200 克）

所提供菜谱仅供参考。

196 千焦 /100 克

鸡蛋玉米羹

原料： 玉米粒 100 克，鸡蛋 2 个，鸡肉 50 克，盐、白糖各适量。

做法：

1. 将玉米粒用搅拌机打成玉米蓉；鸡蛋打散备用；鸡肉切丁。

2. 将玉米蓉、鸡肉丁放入锅中，加适量清水，大火煮沸，转小火再煮 20 分钟。

3. 慢慢淋入蛋液，搅拌，大火煮沸后，加盐、白糖调味即可。

营养不长胖： 鸡蛋玉米羹中玉米性平而味甘，能调中健胃，利尿消肿，有助于孕妈妈消除水肿，超重的孕妈妈可适当食用。

吃不胖的搭配

鸡蛋玉米羹 + 清炒莜麦菜 + 香菇肉粥

鸡蛋玉米羹 + 抓炒鱼片 + 香菇瘦肉包

鸡蛋玉米羹调节脾胃，利尿消肿。

南瓜葵花子粥

222 千焦/100 克

南瓜葵花子粥既可以促进肠道蠕动，帮助通便，又可以提供能量。

原料： 南瓜 50 克，熟葵花子 30 克，大米 100 克。

做法：

1. 南瓜洗净，切小块；大米洗净，浸泡 30 分钟。

2. 锅置火上，放入大米、南瓜块和适量水，大火烧沸后，改小火熬煮。

3. 待粥快煮熟时，放入葵花子，搅拌均匀即可。

营养不长胖： 葵花子中含有丰富的不饱和脂肪酸，能够补充体力；南瓜富含膳食纤维，能促进肠道蠕动，利于排毒减肥。

丝瓜金针菇

155 千焦/100 克

丝瓜金针菇清淡少油，具有清热解毒、通便下饭的作用。

原料： 丝瓜 150 克，金针菇 100 克，水淀粉、盐、油各适量。

做法：

1. 丝瓜洗净，去皮，切段，加少许盐腌一下。

2. 金针菇洗净，放入开水中焯一下，迅速捞出并沥干水分。

3. 油锅烧热，放入丝瓜段，快速翻炒几下。

4. 放入金针菇同炒，加盐调味，出锅前加水淀粉勾芡。

营养不长胖： 丝瓜金针菇味道鲜美，颜色清淡宜人，在增强食欲的同时，还有清热解毒、通便的作用，而且此菜品的热量低，多吃不会增加过多脂肪。

彩椒洋葱三文鱼粒

473 千焦/100 克

原料： 三文鱼、洋葱各 100 克，红椒、黄椒、青椒各 20 克，酱油、料酒、盐、香油各适量。

做法：

1. 三文鱼洗净，切丁，调入酱油和料酒拌匀，腌制备用；洋葱、黄椒、红椒和青椒分别洗净，切成丁。

2. 油锅烧热，放入腌制好的三文鱼丁煸炒，加入剩余食材和盐、香油，翻炒熟即可。

营养不长胖： 该菜品含有多种蔬菜，能提供多种维生素；三文鱼含有丰富的不饱和脂肪酸，有利于降低胆固醇，适合减肥人群食用。

吃不胖的搭配

彩椒洋葱三文鱼粒 + 蒜蓉茄子 + 蔬菜蒸米饭

琵琶豆腐

406 千焦/100 克

吃不胖的搭配

琵琶豆腐 + 虾肉冬蓉汤 + 烤馒头片

原料： 豆腐 2 块，虾 4 只，油菜 4 棵，鸡蛋 1 个，香油、酱油、蚝油、淀粉、白糖、盐、姜片各适量。

做法：

1. 剥虾取肉，加盐略腌，拍烂，加入豆腐拌匀做成琵琶豆腐；油菜洗净，焯烫熟。

2. 琵琶豆腐上锅蒸 5 分钟后取出，撒适量淀粉，蘸上蛋清，炸至微黄色盛出。

3. 另起油锅，爆香姜片，加淀粉、酱油、香油、蚝油、白糖、盐勾芡，煮沸后淋在琵琶豆腐上，加以小油菜摆盘点缀即可。

营养不长胖： 琵琶豆腐富含锌、蛋白质，口感软糯，易消化。豆腐和虾都是热量较低的食物，有利于控制体重。

樱桃萝卜牛油果沙拉

553 千焦 /100 克

吃不胖的搭配

樱桃萝卜牛油果沙拉 + 海带豆腐汤 + 蔬菜包

原料： 樱桃萝卜 5 个，罐头玉米粒 10 克，牛油果半个，柠檬汁、盐、黑胡椒碎各适量。

做法：

1. 樱桃萝卜洗净，切成片；牛油果洗净，对半切开，去皮去核，切成小块。

2. 将牛油果放入碗中，用擀面杖捣成泥，挤入柠檬汁，放入盐、黑胡椒碎，搅拌均匀。

3. 将樱桃萝卜、玉米粒装盘，倒入牛油果酱汁，搅拌均匀即可。

营养不长胖： 牛油果加柠檬汁可减少油脂摄入，防止牛油果氧化变色。

牛油果含有多种不饱和脂肪酸，但牛油果热量较高，宜与其他食材组合并适量食用。

1周2次

菠菜鸡蛋饼

331 千焦 /100 千克

菠菜鸡蛋饼作为主食，可补充碳水化合物和优质蛋白质。

原料： 面粉 150 克，鸡蛋 2 个，菠菜 50 克，火腿 1 根，盐、香油各适量。

做法：

1. 面粉倒入大碗中，加适量温水，再打入 2 个鸡蛋，搅拌均匀，做成蛋面糊。

2. 菠菜焯水沥干后切碎，火腿切小丁，倒入蛋面糊里，加入适量盐、香油，混合均匀。

3. 油锅烧热，倒入蛋面糊煎至两面金黄即可。

营养不长胖： 菠菜鸡蛋饼中碳水化合物含量丰富，可为身体补充能量。菠菜富含膳食纤维，鸡蛋富含蛋白质，作为主食需适量食用。

套餐 B　健康用油有窍门，美味又瘦身

　　食用油含有 99% 的脂肪，因此不但要少用油，还要用好油。此套餐在保证控制了每日摄入总热量的同时，采用了严格控油的烹饪方式，最大限度上少用油，用好油，减少热量的摄入。

早餐	约 1 485 千焦	9 点前	菠菜芹菜粥 1 碗（200 克）　凉拌蕨菜 1 份（150 克）　甜椒炒牛肉 1 份（100 克）
上午加餐	约 356 千焦	10 点左右	卤鸡蛋 1 个
午餐	约 2 230 千焦	13 点前	玉米饼 1 个　菠菜鸡煲 1 份（300 克）　西红柿培根蘑菇汤 1 碗（300 克）
下午加餐	约 460 千焦	15 点左右	牛奶 1 杯（200 毫升）
晚餐	约 1 339 千焦	19 点前	白菜豆腐粥 1 碗（200 克）　西蓝花坚果沙拉 1 份（250 克）

所提供菜谱仅供参考。

498 千焦/100 克

甜椒炒牛肉

原料： 牛里脊肉 100 克，红椒丝、黄椒丝各 30 克，料酒、淀粉、盐、蛋清、姜丝、酱油、高汤、甜面酱各适量。

做法：

1. 牛里脊肉洗净、切丝，加盐、蛋清、料酒、淀粉拌匀；将酱油、高汤、淀粉调成芡汁。

2. 油锅烧热，将牛肉丝炒散，放入甜面酱，加红椒丝、黄椒丝、姜丝炒香，用芡汁勾芡，翻炒均匀即可。

营养不长胖： 牛肉具有补脾和胃、益气补血的功效，对强健身体十分有效；甜椒有提高免疫力、促进脂肪的新陈代谢、防止体内脂肪堆积的作用，有利于帮助控制体重。

甜椒炒牛肉既可以
促进脂肪代谢，又
可以强身健体。

〰〰 吃不胖的搭配

甜椒炒牛肉 + 拌双色菜花 + 芝麻燕麦粥

甜椒炒牛肉 + 凉拌苦苣 + 豌豆小米粥

菠菜芹菜粥

117 千焦 /100 克

菠菜芹菜粥富含膳食纤维和维生素，润肠通便。

原料： 菠菜、芹菜各 50 克，大米 100 克。

做法：

1. 菠菜、芹菜择洗干净，放入开水中焯烫，捞出过凉，切末。

2. 大米洗净，放入锅内，加适量水。

3. 先大火煮开，再小火煮 30 分钟。

4. 加入芹菜末、菠菜末，再煮 5 分钟即可。

营养不长胖： 芹菜、菠菜有养血润燥的功效，可以缓解便秘，还能降低血压，而且菠菜芹菜粥清淡适口，很适合偏胖的人食用。

凉拌蕨菜

205 千焦 /100 克

原料： 蕨菜 200 克，盐、酱油、醋、蒜末、白糖、香油、薄荷叶各适量。

做法：

1. 将蕨菜放入开水中烫熟，捞出切段。

2. 加入蒜末、酱油、香油、盐、醋、白糖拌匀，最后点缀薄荷叶即可。

营养不长胖： 凉拌蕨菜做法简单，清爽可口。蕨菜含有的膳食纤维能促进胃肠蠕动，具有下气、通便的作用。此外吃点蕨菜还能清热降气，增强抵抗力，控制体重。

菠菜鸡煲

435 千焦/100 克

原料： 鸡肉 200 克，菠菜 100 克，香菇 3 朵，冬笋 1 根，料酒、盐各适量。

做法：

1. 鸡肉、香菇分别洗净，切块；冬笋切片；菠菜洗净，焯一下。

2. 油锅烧热，放入鸡肉块、香菇块翻炒，放入料酒、盐、冬笋片，加水炖至鸡肉熟烂，加菠菜稍煮即可。

营养不长胖： 菠菜含铁量很丰富，与肉同食能够提升铁的吸收率，此菜还可以为身体提供蛋白质，增强人体抵抗力。

ᘚᘗᔣᘗᘚ **吃不胖的搭配**
菠菜鸡煲 + 白灼芥蓝 + 燕麦二米饭

西红柿培根蘑菇汤

201 千焦/100 克

西红柿培根蘑菇汤含有蛋白质、钙、锌等营养成分，美味不长肉。

原料： 西红柿 150 克，培根 50 克，蘑菇、面粉、牛奶、紫菜、盐各适量。

做法：

1. 培根切碎；西红柿去皮后搅打成泥，与培根拌成西红柿培根酱；蘑菇洗净切片；紫菜撕碎。

2. 锅中加面粉煸炒，放入蘑菇片、牛奶和西红柿培根酱，加水调至适当的稀稠度，加盐调味，撒上紫菜即可。

营养不长胖： 西红柿培根蘑菇汤含有丰富的蛋白质、锌、钙等营养成分，富含营养又开胃，美味还不易增重。

314千焦/100克

西蓝花坚果沙拉

原料： 西蓝花200克，腰果、核桃、杏仁各5克，红椒丝、橄榄油、白酒醋、白糖、盐、蒜末、沙拉酱各适量。

做法：

1. 去西蓝花梗上硬皮，放入盐水中浸泡10分钟，洗净后放入沸水中焯熟，捞出，沥干。

2. 将腰果、核桃、杏仁放在煎锅上焙烤至略带金黄、香气四溢，关火，用擀面杖碾碎。

3. 取一小碗，放入橄榄油、白酒醋、白糖、盐和蒜末，搅拌均匀。

4. 将西蓝花和坚果碎装盘，放上红椒丝，淋上沙拉酱和橄榄油调味汁，搅拌均匀即可。

营养不长胖： 西蓝花富含膳食纤维，坚果富含不饱和脂肪，橄榄油能提升香味，三者搭配能增加饱腹感，其所含油脂还能润滑肠道，促进排便，有利于减肥。

≈≈→ 吃不胖的搭配

西蓝花坚果沙拉　　西蓝花坚果沙拉
＋　　　　　　　　＋
南瓜杂粮糊　　　　枸杞燕麦饭
＋　　　　　　　　＋
蒜蓉木耳　　　　　豆腐小白菜

西蓝花坚果沙拉膳食纤维高，可润肠通便，利于减肥。

橄榄油脂肪比例近似于人体所需比例，所含成分更适合人体，具有较高的营养价值。

1周2次

第5天 摄入总热量5 440 千焦(约1 300千卡)

　　减肥第5天，建议摄入总热量控制在5 440千焦(约1 300千卡)左右。摄入热量还在减少，但是你会发现，食谱中食材依然是多样的，热量降低更多是因为在用量上进行了控制。当想吃的还是能吃到，不必苛刻地对待身体的时候，你会减少沮丧情绪，而这种较为积极的心态可以避免减肥失败。

补充矿物质，让瘦身加速

　　矿物质是构成人体组织和维持正常生理功能必需的各种无机盐的总称，包括钙、磷、钾、硫、氯、镁等常量元素和铁、锌、铜、硒等微量元素。其中钙能提高人体的产热能力，有助于抑制脂肪的吸收与合成；铁和血红蛋白组成一对"完美搭档"，供给充足的氧，提高新陈代谢速率，促进减肥。

"吃""动"结合，加速甩肉

　　要想让身体获得完美钙质，仅从食物中摄取还不够，还需要多做运动。运动会加快血液循环和新陈代谢，能促进骨骼对钙的吸收，减少钙质流失。此外，还应多到户外晒太阳，因为太阳中的紫外线可以促进维生素D的合成，进而促进钙质吸收，加快减肥速度。

优先选择动物性食物补铁

　　食物中的铁分两种，有血红素铁和非血红素铁。血红素铁一般存在于动物性食物中，非血红素铁一般存在于植物性食物中。相比较而言，血红素铁要比非血红素铁更适合人体吸收，并且血红素铁还能促进机体对非血红素铁的吸收。当在减肥期间需要控制食量时，优先选择动物性食物。

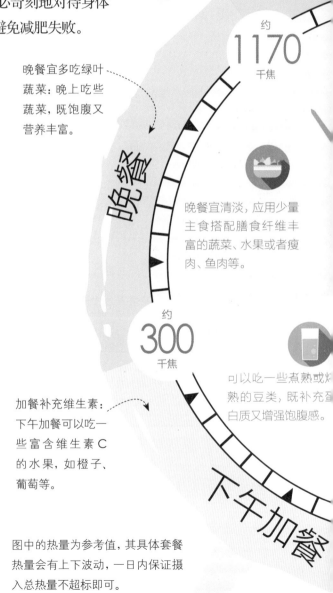

晚餐宜多吃绿叶蔬菜：晚上吃些蔬菜，既饱腹又营养丰富。

约1170千焦

晚餐宜清淡，应用少量主食搭配膳食纤维丰富的蔬菜、水果或者瘦肉、鱼肉等。

约300千焦

可以吃一些煮熟或炖熟的豆类，既补充蛋白质又增强饱腹感。

加餐补充维生素：下午加餐可以吃一些富含维生素C的水果，如橙子、葡萄等。

下午加餐

图中的热量为参考值，其具体套餐热量会有上下波动，一日内保证摄入总热量不超标即可。

早餐宜喝豆浆：早上可以喝一杯热豆浆，搭配全麦面包，饱腹又健康。

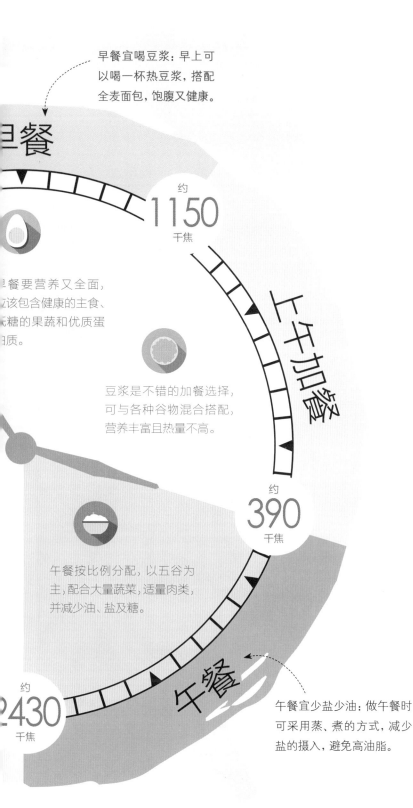

旦餐

约 1150 千焦

上午加餐

约 390 千焦

午餐

约 2430 千焦

早餐要营养又全面，该包含健康的主食、糖的果蔬和优质蛋白质。

豆浆是不错的加餐选择，可与各种谷物混合搭配，营养丰富且热量不高。

午餐按比例分配，以五谷为主，配合大量蔬菜，适量肉类，并减少油、盐及糖。

午餐宜少盐少油：做午餐时可采用蒸、煮的方式，减少盐的摄入，避免高油脂。

富含钙、锌食物最好分开吃

钙和锌的吸收原理很相似，同时食用富含钙或锌的食物，容易使两者"竞争"，在食用时，尽量分开。比如说，白天多食用瘦肉、牡蛎等食物补锌，晚上可以吃豆制品、喝牛奶补钙，这样更利于钙的吸收和利用，从而减少对身体吸收锌的副作用。

咖啡与茶不宜多喝

茶叶中的鞣酸和咖啡中的多酚类物质，可与铁形成难以溶解的盐类，进而可能导致缺铁性贫血。所以，饮用咖啡和茶应该适可而止。当然，除了营养因素以外，缺铁性贫血还可能由疾病引起。发生贫血要及时到医院就诊，以明确诊断，正确治疗。

素食者更应注意补锌

有些人为了控制热量，会食用大量蔬菜而抛弃肉类。蔬菜内膳食纤维丰富，对身体固然有好处，但是有些重要的微量元素，比如锌，在蔬菜中的含量却极少。素食的人应多吃一些富含锌的食物，才能保证味觉正常，能更长久地坚持减肥。

套餐 A　保证钙的摄入，加快燃脂速度

　　钙存在于各种食物中，牛奶及乳制品如奶酪、酸奶、奶粉，瘦肉、各种鱼肉、虾皮、河蚌、牡蛎，以及植物性食物中的豆类及豆制品、干果、白菜、油菜、甘蓝中都含有丰富的钙。此套餐在保证控制了每日摄入总热量的同时，能够摄入充足的蛋白质、维生素等营养素，还保证了每日钙的摄入量。

早餐	约 1 172 千焦	9 点前	奶酪手卷 1 个　煮鸡蛋 1 个　绿豆粥 1 碗（200 克）
上午加餐	约 356 千焦	10 点左右	杏仁松子豆浆 1 杯（200 毫升）
午餐	约 2 510 千焦	13 点前	杂粮饭 1 碗（150 克）　醋焖腐竹带鱼 1 份（200 克）　冬笋拌豆芽 1 份（200 克）
下午加餐	约 230 千焦	15 点左右	腰果 10 克
晚餐	约 1 172 千焦	19 点前	紫菜虾皮豆腐汤 1 碗（200 克）　板栗扒白菜 1 份（200 克）

所提供菜谱仅供参考。

奶酪手卷

347 千焦 /100 克

原料： 紫菜和奶酪各 1 片，米饭 100 克，生菜、西红柿各 50 克，沙拉酱适量。

做法：

1. 生菜洗净，西红柿洗净切片。

2. 将紫菜铺平，再依次将米饭、奶酪、生菜、西红柿片铺上，最后淋上沙拉酱并卷起即可。

营养不长胖： 奶酪手卷既能补钙，还能补充维生素。生菜和西红柿都是热量不高的食物，对于超重的人来说，可以适当食用来控制体重。

吃不胖的搭配

奶酪手卷 + 草菇西蓝花 + 红豆薏米

奶酪手卷热量低，不易增重，还能补充蛋白质和钙。

杏仁松子豆浆

178 千焦 /100 克

原料： 甜杏仁 10 克，黄豆 40 克，松子仁 5 克。

做法：

1. 黄豆洗净，用清水浸泡 10 小时；甜杏仁、松子仁洗净，泡软。

2. 将甜杏仁、松子仁和黄豆混合放入全自动家用豆浆机杯体中，加水至上下水位线之间，接通电源，选择五谷按键，待豆浆制成即可。

营养不长胖： 甜杏仁有止咳平喘、润肠通便的作用。松子仁是止咳化痰的良药，二者与黄豆结合磨成豆浆，味道鲜美，止咳平喘效果加倍。此外，杏仁松子豆浆还有润肤养颜的功效，是不错的美容佳品。

杏仁松子豆浆既能够润肠通便，还可以润肤美容。

冬笋拌豆芽

175 千焦 /100 克

冬笋拌豆芽清淡少油，热量低，有利于控制体重。

原料： 冬笋 150 克，黄豆芽 100 克，火腿 25 克，香油、盐各适量。

做法：

1. 黄豆芽洗净，焯烫后过冷水沥干；冬笋洗净，切成细丝，焯烫后过冷水沥干；火腿切丝。

2. 将冬笋丝、黄豆芽、火腿丝一同放入盘内，加盐、香油，搅拌均匀即可。

营养不长胖： 冬笋拌豆芽是一道热量较低的凉拌菜，清脆爽口，含有叶酸、维生素和膳食纤维，对调节血糖和控制体重都很有帮助。

紫菜虾皮豆腐汤

264 千焦 /100 克

吃不胖的搭配
紫菜虾皮豆腐汤 + 肉片炒蘑菇 + 五谷饭

原料： 豆腐 100 克，虾皮、紫菜各 10 克，酱油、盐、白糖、姜末、淀粉各适量。

做法：

1. 豆腐切丁，入沸水焯烫；虾皮洗净。

2. 油锅烧热，放入姜末、虾皮爆出香味。

3. 倒入豆腐丁，加酱油、白糖、盐、适量水后烧沸，放入紫菜，最后用淀粉勾芡即可。

营养不长胖： 豆腐和虾皮的含钙量高，且营养丰富，是补钙的佳品。紫菜虾皮豆腐汤味道鲜美、营养丰富，很适合作为减肥期间的晚餐食用。

板栗扒白菜

142 千焦 /100 克

板栗扒白菜促进肠道蠕动，有助于排毒减肥。

原料： 白菜心 1 个，板栗 50 克，红椒丝、黄椒丝、葱花、姜末、盐各适量。

做法：

1. 白菜心洗净，切成小片。

2. 板栗洗净，放入热水锅中煮熟，取出果肉切块。

3. 油锅烧热，放入葱花、姜末炒香，放入白菜片与板栗块，加盐调味，点缀红椒丝和黄椒丝即成。

营养不长胖： 板栗富含维生素和矿物质，而白菜可以除烦解渴，还有增强胃肠蠕动的功效，所以有很好的助消化、排毒和减肥的功效。

624千焦/100克

醋焖腐竹带鱼

原料：带鱼1条，腐竹3根，老抽、料酒、醋、盐、白糖各适量。

做法：

1.鱼去头尾、内脏，切成段，用老抽、料酒腌制1小时；腐竹泡发后切成段。

2.油锅加热，将带鱼段煎至八成熟时捞出。

3.另起油锅，放入带鱼段，倒入醋、适量凉开水，调入盐、白糖，放入泡好的腐竹段，炖至入味，最后收汁即可。

营养不长胖：带鱼含不饱和脂肪酸较多，有降低胆固醇的作用，且富含蛋白质和钙，在饱腹的同时能促进脂肪代谢，适宜减肥人群食用。

～吃不胖的搭配

醋焖腐竹带鱼	醋焖腐竹带鱼
+	+
白灼草菇油菜	彩蔬西蓝花
+	+
白米饭	白米饭

油炸的带鱼油脂、热量较高，不要食用过多。

鱼肉脂肪中饱和脂肪酸较少，适合减肥时食用，
但炸鱼会流失营养，且易摄入过量的油脂，要限量。

2周1次

套餐 B 适量补铁，提升基础代谢

　　动物性食物如猪肝、猪血、鸭血，以及植物性食物如大豆、蘑菇、木耳、芝麻，都含有丰富的铁元素。另外，海带、紫菜也是富含铁的代表性食物。此套餐在控制了每日摄入总热量的同时，适当增加了含铁较为丰富的食材，以确保补充可能缺失的铁元素。

早餐	约1088千焦	9点前	腐竹玉米猪肝粥1碗（200克） 荷包蛋1个 海蜇拌双椒1份（150克）
上午加餐	约460千焦	10点左右	低糖酸奶1杯（200克）
午餐	约2449千焦	13点前	五谷饭1碗（150克） 香肥带鱼1份（200克） 蒜泥茄子1份（200克）
下午加餐	约397千焦	15点左右	桃子1个
晚餐	约1046千焦	19点前	素炒平菇1份（200克） 樱桃虾仁沙拉1份（300克）

所提供菜谱仅供参考。

243千焦/100克

腐竹玉米猪肝粥

原料： 大米150克，猪肝、鲜腐竹各50克，玉米粒60克，盐、葱花各适量。

做法：

1. 腐竹切段；大米、玉米粒洗净。

2. 猪肝洗净，余烫后切成薄片，用盐腌制入味。

3. 将鲜腐竹段、大米、玉米粒放入锅中，加水熬煮至熟。

4. 加猪肝片煮熟，放盐调味、葱花点缀即可。

营养不长胖： 猪肝中的矿物质铁可以帮助减肥者补铁，预防贫血；玉米可以改善消化不良，其中丰富的膳食纤维可以排毒养颜，帮助健康瘦身。

吃不胖的搭配

腐竹玉米猪肝粥 + 糖醋白菜 + 炝拌土豆丝

腐竹玉米猪肝粥 + 西红柿炒蛋 + 虾仁豆腐

樱桃虾仁沙拉

234 千焦/100 克

樱桃虾仁沙拉低热量，既控制体重，又可以补铁。

原料： 樱桃 6 颗，虾仁、青椒各 50 克，沙拉酱适量。

做法：

1. 樱桃洗净，去核，切丁；青椒洗净，去核、去籽，切丁；虾仁洗净，切丁。

2. 虾仁丁、青椒丁分别放入开水中煮熟捞出，用冷水冲凉。

3. 虾仁丁、樱桃丁及青椒丁放入盘中拌匀，淋上沙拉酱即可。

营养不长胖： 樱桃含铁量丰富，是水果中的冠军；虾仁是高铁、高钙食物，所以这款樱桃虾仁沙拉补益效果极好，可以预防贫血，热量较低，对控制体重也有帮助。

香肥带鱼

498 千焦/100 克

吃不胖的搭配

香肥带鱼 + 黄豆芽猪血汤 + 玉米豆粉窝窝头

原料： 带鱼 1 条，牛奶 150 毫升，西红柿酱、盐、干淀粉、黄瓜片、辣椒圈各适量。

做法：

1. 带鱼处理干净，切成长段，然后用盐拌匀，再拌上干淀粉，放入油锅炸至金黄色时捞出。

2. 另起锅，加水、牛奶、盐、西红柿酱，不断搅拌熬成汤汁。

3. 将炸好的带鱼段装盘，盘周摆上黄瓜片和辣椒圈做装饰，将熬好的汤汁浇在带鱼上即可。

营养不长胖： 带鱼中 α - 亚麻酸含量丰富，有很好的补益作用，与生津润肠的牛奶搭配，营养更加丰富。

套餐 C 注意补锌，促进有效脂肪代谢

一般贝壳类海产品、红色肉类以及动物内脏都是锌非常好的来源，谷类胚芽、麦麸以及干果类食物也含有丰富的锌。需补锌时，应多吃虾、蛤蜊、牡蛎、花生、牛肉、羊肉，以及肝脏、肾脏等食物。此套餐在保证控制每日摄入总热量的同时，适当选择了含锌较为丰富的食材，保证锌含量充足，加速新陈代谢，起到减肥的效果。

早餐	约 1 151 千焦	9 点前	全麦面包 1 片 花生紫米粥 1 碗（200 克） 凉拌海带丝 1 份（200 克）
上午加餐	约 356 千焦	10 点左右	低脂牛奶 1 杯（200 毫升）
午餐	约 2 385 千焦	13 点前	芦笋蛤蜊饭 1 碗（200 克）苦瓜煎蛋 1 份（150 克）豆豉牛肉片 1 份（100 克）
下午加餐	约 251 千焦	15 点左右	熟黑豆 15 克
晚餐	约 1 297 千焦	19 点前	西红柿面片汤 1 碗（250 克） 四色什锦 1 份（200 克）

所提供菜谱仅供参考。

芦笋蛤蜊饭

540 千焦 /100 克

原料： 芦笋 50 克，蛤蜊 150 克，大米 100 克，海苔丝、红椒丝、姜丝、白糖、醋、香油、盐各适量。

做法：

1. 芦笋洗净，切段；蛤蜊泡水，吐净泥沙后煮熟。

2. 大米淘洗干净，放入电饭锅中，加适量水蒸熟。

3. 将海苔丝、红椒丝、姜丝、白糖、醋、盐搅拌均匀，倒入电饭锅中；把芦笋段铺在上面，蒸至食材熟透。

4. 将蒸熟的米饭、海苔丝、芦笋段盛出，放入蛤蜊，加香油拌匀即可。

营养不长胖： 芦笋富含膳食纤维；蛤蜊中含有大量的锌、钙等矿物质，适量食用不用担心体重会过度增加。

芦笋蛤蜊饭含膳食纤维和多种矿物质，饱腹又美味。

吃不胖的搭配

芦笋蛤蜊饭 + 虾仁娃娃菜 + 麻酱豇豆

花生紫米粥

305 千焦 /100 克

花生紫米粥低脂低热，不用担心体重超标。

原料： 紫米 150 克，花生仁 50 克，红枣、白糖各适量。

做法：

1. 红枣洗净，去核；紫米洗净，放入锅中，加适量清水煮 30 分钟。

2. 放入花生仁、红枣煮至熟烂，加白糖调味即可。

营养不长胖： 紫米、花生仁一同熬粥，能够增加 B 族维生素和锌的摄入量，担心体重会超标的人也可以少放花生仁并且不放白糖，减少热量和糖分的摄入。

凉拌海带丝

176 千焦 /100 克

凉拌海带丝可降压降脂，减肥美容。

原料： 海带丝 200 克，姜、蒜、盐、味精、白糖、生抽、醋、小米椒各适量。

做法：

1. 姜、蒜、小米椒切碎备用；海带丝在水里煮 10 分钟左右，捞出过凉水备用。

2. 将生抽、醋、盐、味精、白糖放在碗中，调成调味汁。

3. 将准备好的调味汁和姜末、蒜末、小米椒碎一起倒进海带里，搅拌均匀即可。

营养不长胖： 海带上常附着一层白霜似的白粉叫作甘露醇，它是一种珍贵的药用物质，具有降低血压、利尿和消肿的作用。海带还富含钙，有降脂、美容、减肥的作用。

苦瓜煎蛋

415 千焦 /100 克

原料： 苦瓜 200 克，红椒 1 个，鸡蛋 2 个，盐适量。

做法：

1. 苦瓜洗净，剖开去掉瓜瓤，并切成薄片；鸡蛋打散；红椒切成小丁备用。

2. 将苦瓜、红椒丁倒入蛋液中，加适量盐，搅拌均匀。

3. 锅底刷上少许油，油热后倒入拌好的蛋液，小火煎至两面金黄即可。

营养不长胖： 苦瓜具有清热解毒、健脾开胃的作用。另外，苦瓜中的"苦瓜素"被誉为"脂肪杀手"，能使摄取的脂肪和多糖减少，与鸡蛋搭配，既营养又低热量。

苦瓜煎蛋清热解毒，
促进消化不长肉。

四色什锦

192 千焦 /100 克

吃不胖的搭配

四色什锦 + 海米白菜 + 香菇荞麦粥

原料： 胡萝卜、金针菇各 100 克，木耳、蒜薹各 30 克，葱末、姜末、白糖、油、醋、香油、盐各适量。

做法：

1. 金针菇去老根，洗净，用开水焯烫，沥干；蒜薹洗净，切段；胡萝卜洗净、切丝；木耳洗净，撕小朵。

2. 油锅烧热，放葱末、姜末炒香，放入胡萝卜丝翻炒，放木耳、白糖、盐调味。

3. 放入金针菇、蒜薹段，翻炒几下，淋上醋、香油即可。

营养不长胖： 四色什锦色香味俱全，能增加食欲。其中的四种食材热量都较低，滋补身体的同时不会使体重飙升。

536 千焦/100 克

香豉牛肉片

原料： 牛肉 200 克，芹菜 100 克，鸡蛋清、姜末、盐、豆豉、淀粉、高汤各适量。

做法：

1. 牛肉洗净，切片，加盐、鸡蛋清、淀粉拌匀；芹菜择洗干净，切段。

2. 将油锅烧热，放入牛肉片滑散至熟，捞出。

3. 锅中留底油，放入豆豉、姜末略煸炒，倒入芹菜段翻炒，放入高汤和牛肉片炒至熟透。

营养不长胖： 富含蛋白质、钙和锌的牛肉与热量较低且富含膳食纤维的芹菜搭配，色彩鲜艳，营养丰富。适量食用有利于减肥。

吃不胖的搭配

香豉牛肉片	香豉牛肉片
+	+
凉拌苦菊	豆腐小白菜
+	+
绿豆海带粥	山药米饭

香豉牛肉片热量低，蛋白质高，营养丰富又不会增重。

牛肉的蛋白质含量较高，脂肪含量较低，但其本身的热量较高，食用时应增加蔬菜量。

1 周 1 次

第 6 天 摄入总热量 5 860 千焦（约 1 400 千卡）

每个人在达到减肥目标以后，就必须把新的饮食方式变为一种持久的习惯，这就是复食期比减肥期更重要的原因。都说减体重很容易，保持才是王道，因此复食期安排的时间应比减肥期更长，且更为巧妙。因此，从第 6 天起我们需要慢慢增加摄入的热量，体验一下复食的过程，建议摄入总热量恢复在 5 860 千焦（约 1 400 千卡）左右。

膳食纤维，构筑健康肠道的"清道夫"

膳食纤维虽然不能被人体吸收，却是人体健康必不可少的物质，发挥着重要的生理作用。膳食纤维有可溶性和不可溶性两种形态。可溶性膳食纤维可溶解于水，吸水膨胀，使人产生饱腹感，有助于减少食量，帮助降低血液中的胆固醇。不可溶性膳食纤维不能溶解于水，却是粪便的"骨架结构"，可直接刺激肠道蠕动，加快粪便排泄，有助于减少脂肪积聚。

口感是否粗糙不是判断膳食纤维含量的标准

许多人认为口感越粗糙的食物膳食纤维含量越多，吃起来不容易嚼烂的水果蔬菜就是膳食纤维的好来源。这只对了一半，芹菜、韭菜等口感粗糙的蔬菜固然是膳食纤维的好来源，但像红薯、香蕉等食物，吃起来虽然绵软可口，它们的膳食纤维含量却大大高于其他食物。

膳食纤维并非多多益善

若突然在短期内由低纤维膳食转变为高纤维膳食，可能导致一系列消化道不耐受反应，如胃肠胀气、腹泻、腹痛等，并会影响钙、铁、锌等元素的吸收，降低蛋白质的消化吸收率，还会影响脂肪的正常吸收，不利于减肥。

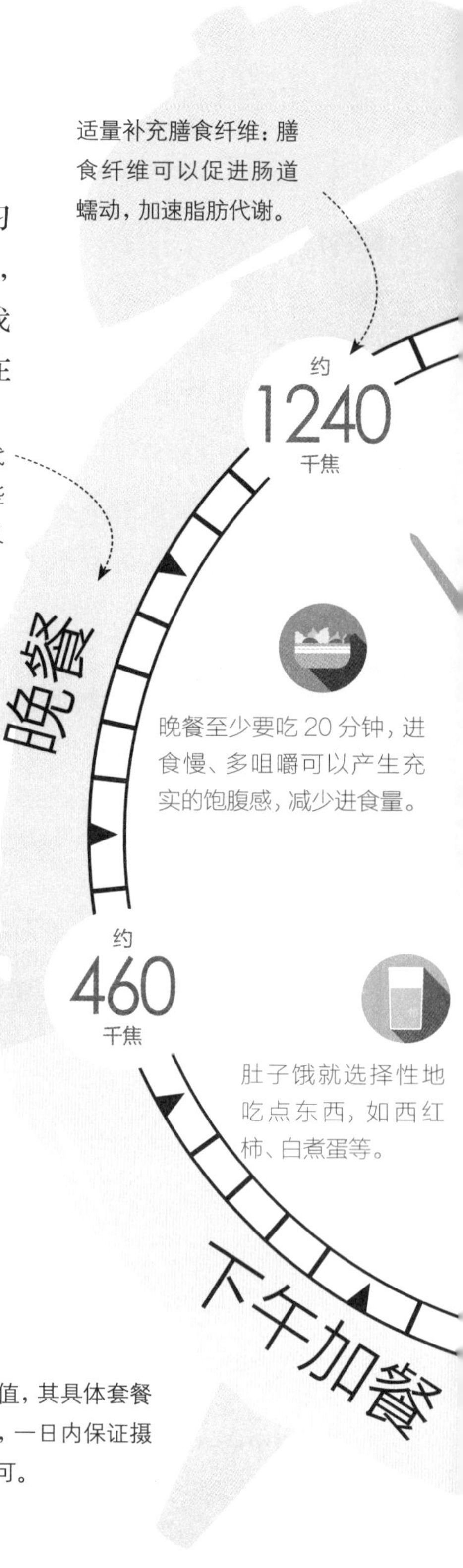

适量补充膳食纤维：膳食纤维可以促进肠道蠕动，加速脂肪代谢。

约 1240 千焦

晚餐可用水果沙拉代替主食：晚上吃一些水果沙拉，既美味又不长肉。

晚餐

晚餐至少要吃 20 分钟，进食慢、多咀嚼可以产生充实的饱腹感，减少进食量。

约 460 千焦

肚子饿就选择性地吃点东西，如西红柿、白煮蛋等。

下午加餐

图中的热量为参考值，其具体套餐热量会有上下波动，一日内保证摄入总热量不超标即可。

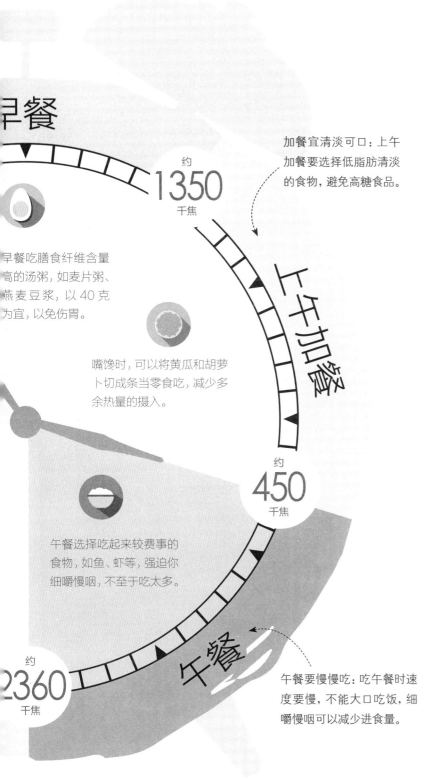

早餐

约 **1350** 千焦

早餐吃膳食纤维含量高的汤粥，如麦片粥、燕麦豆浆，以 40 克为宜，以免伤胃。

嘴馋时，可以将黄瓜和胡萝卜切成条当零食吃，减少多余热量的摄入。

加餐宜清淡可口：上午加餐要选择低脂肪清淡的食物，避免高糖食品。

上午加餐

约 **450** 千焦

午餐选择吃起来较费事的食物，如鱼、虾等，强迫你细嚼慢咽，不至于吃太多。

约 **2360** 千焦

午餐

午餐要慢慢吃：吃午餐时速度要慢，不能大口吃饭，细嚼慢咽可以减少进食量。

吃片状或膨化谷物

选择速煮即食谷物来替代高热量食物，可以帮助我们保持好身材，还有助于瘦身减重。如果想一直坚持吃这类食品，相比那些经过压缩的质地紧实的麦片，片状或膨化类型的麦片不仅看起来分量很大，而且在同等体积的情况下，热量还会大大削减。

良好饮食习惯为瘦身保驾护航

有的人喜欢边看电视边吃饭，不知不觉间就吃进了大量的食物。这个饮食习惯很不好，容易造成营养过剩，导致脂肪堆积，使体重迅速增长。吃饭时注意力要集中，最好关掉电视等干扰物，这也有利于充分咀嚼，便于控制体重，还能降低患慢性病的风险。

不可一味追求低热量食物

减少热量摄入是减肥的好方法，但是一味地追求低热量食物是错误的减肥观点。如果每天摄入的热量低于基础新陈代谢所需，久而久之可能会导致营养不良，减缓新陈代谢，以后稍微多吃一点就会迅速发胖。

套餐 A 可溶性膳食纤维易饱腹

可溶性膳食纤维主要存在于植物细胞液和细胞间质中，苹果、香蕉、柠檬、石榴等水果及油菜、白菜、洋葱、豌豆等蔬菜中含有较多的可溶性膳食纤维。此套餐在保证控制了每日摄入总热量的同时，特别注意在食谱中增加了膳食纤维的摄入，可以帮助增加饱腹感，达到不挨饿也能瘦的目的。

早餐	约 1 299 千焦	9 点前	燕麦南瓜粥 1 碗（200 克） 胭脂冬瓜球 1 份（250 克） 鸡胸肉扒小白菜 1 份（200 克）
上午加餐	约 356 千焦	10 点左右	苹果 1 个
午餐	约 2 720 千焦	13 点前	杂粮饭 1 碗（150 克） 香菇炖乳鸽 1 份（200 克） 海米炒洋葱 1 份（250 克）
下午加餐	约 460 千焦	15 点左右	松子 20 克
晚餐	约 1 025 千焦	19 点前	玉米窝窝头 1 个 荠菜魔芋汤 1 碗（300 克） 蒜蓉莜麦菜 1 份（200 克）

所提供菜谱仅供参考。

燕麦南瓜粥

121 千焦 /100 克

原料： 南瓜 150 克，大米、燕麦片各 20 克。

做法：

1. 南瓜洗净，削皮，并去掉内瓤，切成小块；大米洗净；燕麦片洗净，加水提前浸泡 2 个小时备用。

2. 锅置火上，将大米放入锅中，加足够的水，大火煮沸后换小火煮 20 分钟；然后放入南瓜块，小火煮 10 分钟；再加入燕麦，继续用小火煮 10 分钟即可。

营养不长胖： 燕麦是一种低糖、高营养食品。南瓜含有蛋白质、胡萝卜素、维生素、氨基酸、钙等营养元素。二者搭配熬成粥，营养充分，饱腹感强，易消化，利于减肥。

吃不胖的搭配

燕麦南瓜粥 + 凉拌三丝 + 韭菜炒虾仁

燕麦南瓜粥 + 白灼芥蓝 + 鸡胸肉炒西蓝花

燕麦南瓜粥低糖低热，营养丰富，可增加饱腹感。

胭脂冬瓜球

105 千焦/100 克

胭脂冬瓜球热量低，不增重，能缓解水肿。

原料： 冬瓜 300 克，紫甘蓝 150 克，白醋、白糖、薄荷叶各适量。

做法：

1. 紫甘蓝洗净，放入榨汁机，加适量水榨汁；过滤后，放入锅中煮几分钟，然后放入碗中，倒入白醋。

2. 冬瓜洗净，对半切开，用挖球器挖出冬瓜球，将冬瓜球放入开水中焯 3 分钟，放入紫甘蓝汁中浸泡。

3. 放入冰箱冷藏半小时，食用前放至常温，加白糖，点缀薄荷叶即可。

营养不长胖： 这道胭脂冬瓜球酸甜爽口，热量很低，不仅能补充维生素，还能有效缓解水肿症状。

鸡胸肉扒小白菜

331 千焦/100 克

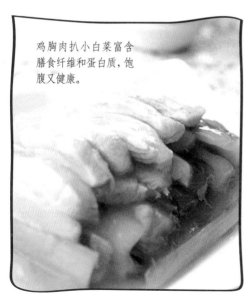

鸡胸肉扒小白菜富含膳食纤维和蛋白质，饱腹又健康。

原料： 小白菜 300 克，鸡胸肉 200 克，牛奶、盐、葱花、淀粉、料酒各适量。

做法：

1. 小白菜去根、洗净，切段，用开水焯烫；鸡胸肉洗净，切条，放入开水中氽烫。

2. 油锅烧热，放入葱花炝锅，放入鸡胸肉条，加入盐、料酒、小白菜段、牛奶用大火烧开。

3. 用淀粉勾芡即成。

营养不长胖： 鸡胸肉含有丰富的蛋白质、钙和维生素 C，营养充足又能增加饱腹感；小白菜味道清香，富含膳食纤维，很适合体重超标的人经常食用。

香菇炖乳鸽

640 千焦 /100 克

原料： 乳鸽 1 只（约 200 克），香菇 2 朵，木耳 10 克，山药 50 克，红枣、枸杞子、姜、盐各适量。

做法：

1. 香菇洗净，切花刀；木耳泡发后洗净，掰小朵；山药削皮，切块；姜切片；乳鸽放入沸水中焯去血水。

2. 砂锅加水烧开，放入姜片、红枣、香菇、乳鸽，小火炖 1 小时。

3. 放入枸杞子、木耳、山药块，炖 20 分钟，加盐调味即可。

营养不长胖： 香菇炖乳鸽食材丰富，营养均衡。香菇可降血压、降血脂；木耳能润肺养胃；山药可以消渴生津；乳鸽能够改善血液循环。

吃不胖的搭配

香菇炖乳鸽 + 上汤娃娃菜 + 南瓜杂粮糊

香菇炖乳鸽可降脂降压，改善血液循环。

海米炒洋葱

205 千焦 /100 克

原料： 海米 50 克，洋葱 150 克，姜丝、盐、酱油、料酒各适量。

做法：

1. 洋葱洗净，切丝；海米泡发洗净。

2. 将料酒、酱油、盐、姜丝放入碗中调成汁。

3. 锅中放入洋葱丝、海米翻炒，并加入调味汁即可。

营养不长胖： 海米炒洋葱能增进食欲、促消化，对控制血糖有一定作用，而且此菜品的热量低，美味不易增重。

79 千焦 /100 克

荠菜魔芋汤

吃不胖的搭配
荠菜魔芋汤 + 凉拌莴笋鸡丝 + 家常饼

原料： 荠菜 100 克，魔芋 60 克，盐、姜、红椒丝各适量。

做法：

1. 荠菜取叶，择洗干净，切成大片；姜切丝。

2. 魔芋洗净，切成条，用热水煮 2 分钟，去味，沥干。

3. 将魔芋条、荠菜叶、姜丝放入锅内，加清水用大火煮沸，转中火煮至荠菜熟软。

4. 出锅前加盐调味，点缀红椒丝即可。

营养不长胖： 荠菜富含钙，可以促进脂肪燃烧；魔芋中特有的束水凝胶纤维，是天然的"肠道清道夫"，可避免身体吸收过多脂肪而长胖。

284 千焦 /100 克

蒜蓉莜麦菜

蒜蓉莜麦菜清淡爽口，利于控制体重，缓解便秘。

原料： 莜麦菜 200 克，葱末、蒜末、盐各适量。

做法：

1. 将莜麦菜择洗干净。

2. 油锅烧热，煸香葱末，放入莜麦菜快速翻炒。

3. 炒至莜麦菜颜色变深绿、变软时加入蒜末、盐，炒匀出锅即可。

营养不长胖： 蒜蓉莜麦菜制作简单，清爽适口，适合偏胖的人食用来控制体重。莜麦菜含有膳食纤维和维生素 C，有预防和缓解便秘、改善贫血的功效。

套餐 B 不可溶性膳食纤维促排便

不可溶性膳食纤维一般存在于植物的根、茎、干、叶、果皮中，如红薯、莴苣、芹菜、韭菜、空心菜、竹笋、莲藕等蔬菜中均富含不可溶性膳食纤维。此套餐在保证控制了每日摄入总热量的同时，保证摄入充足的蛋白质、维生素等营养素，特别加入了富含膳食纤维的食材，帮助刺激肠道蠕动，有利于排毒减肥。

早餐	约 1 400 千焦	9 点前	平菇小米粥 1 碗（250 克） 鸡蛋 1 个 香菇豆腐汤 1 碗（200 克）
上午加餐	约 523 千焦	10 点左右	橙子 1 个
午餐	约 2 035 千焦	13 点前	豆角焖饭 1 碗（250 克） 虾仁烧芹菜 1 份（200 克） 香菇油菜 1 份（200 克）
下午加餐	约 460 千焦	15 点左右	腰果 20 克
晚餐	约 1 442 千焦	19 点前	冬瓜鲜虾卷 1 个（200 克） 荷塘小炒 1 份（200 克）

所提供菜谱仅供参考。

荷塘小炒

297 千焦 /100 克

原料： 莲藕 100 克，胡萝卜、荷兰豆各 50 克，木耳、盐、水淀粉各适量。

做法：

1. 木耳洗净，泡发，撕小朵；荷兰豆择洗干净；莲藕去皮，洗净，切片；胡萝卜洗净，去皮，切片；水淀粉加盐调成芡汁。

2. 胡萝卜片、荷兰豆、木耳、莲藕片分别用开水焯熟，沥干。

3. 油锅烧热，倒入焯过的食材翻炒出香味，浇入芡汁勾芡即可。

营养不长胖： 荷塘小炒中维生素含量丰富，可以增强食欲，富含膳食纤维且热量低，食用后不用担心会影响身材。

荷塘小炒富含维生素和膳食纤维，热量低，不增重。

～吃不胖的搭配

荷塘小炒 + 蒜蓉空心菜 + 胡萝卜饭

荷塘小炒 + 松仁玉米 + 什锦面

虾仁烧芹菜

443 千焦 /100 克

虾仁烧芹菜可促进肠道蠕动，清体减肥并补充蛋白质。

原料： 虾仁 100 克，芹菜 200 克，盐适量。

做法：

1. 芹菜洗净，切段，焯烫。

2. 油锅烧热，放入虾仁、芹菜翻炒至熟。

3. 加盐调味即可。

营养不长胖： 虾仁含有丰富的蛋白质和矿物质，芹菜富含膳食纤维，二者搭配一起吃，脂肪低，营养丰富，有利于减肥。

豆角焖饭

301 千焦 /100 克

吃不胖的搭配

豆角焖饭 + 芹菜拌腐竹 + 清蒸大虾

豆角焖饭作为主食营养丰富，热量低，饱腹感强。

原料： 大米 200 克，豆角 100 克，盐适量。

做法：

1. 豆角、大米洗净。

2. 豆角切碎，放在油锅里略炒一下。

3. 将豆角碎、大米放在电饭锅里，加入比焖米饭时稍多一点的水焖熟，再根据自己的口味适当加盐即可。

营养不长胖： 豆角口感脆嫩，富含维生素 C 和蛋白质，有安神除烦、补中益气的作用。将豆角加入米饭中一同蒸熟，可以减少主食的摄入量，避免体重增长过快。

第7天 摄入总热量6 690千焦（约1 600千卡）

我们在一周的最后一天将热量恢复并稳定在6 690千焦（约1 600千卡）左右。你瞧，我们就这样在一周内让身体渐渐接受这种设定的同时，慢慢降低了摄入的热量，这就达到了通过减少热量瘦身的目的。但在之后实施其他饮食减肥计划时，为了保持身体健康，每天摄入热量最好不要低于5 023千焦（约1 200千卡）。

健康瘦身指南——多喝水少吃盐

人体内正是因为有水存在，各种营养物质才能到达细胞，代谢废物才能排出体外。饮水或者吃富含水的食物能增加饱腹感，促进人体的新陈代谢，减少体内脂肪的积聚。盐影响着人体内水的流向、微量元素的代谢和运行方式，进而影响机体活动。适当削减盐的摄入量，可以帮助身体排出体内多余的水分，降低体重。

水建议摄入量

每人每天应摄入2 000~2 500毫升水，食物中含水量可达700~1000毫升，因此每天要至少再喝1 300~1 800毫升的水，才能保证身体的正常需求。若有高温或较大运动量时，还应再增加水的摄入量。

选择从汤或沙拉开始

将（肉、菜、鱼）汤和带有少量调味酱料的沙拉作为一餐的开始，大份额的汤和蔬菜会带来视觉上的愉悦感，更让人感到满足，同时，汤会让肠胃被大量的水分或蔬菜占据，在摄入较少热量的情况下，为我们提供饱腹感和满足感，进而使我们在用餐的过程中减少进食量，削减对热量的摄取。

多喝水：水是最好的减肥餐，要保证水的摄入量。

约
1550
千焦

晚餐

晚餐前喝一杯果蔬汁，能明显降低饥饿感，减少食物的摄入，控制热量。

约
320
千焦

吃些粗粮能增加营养、缓解便秘。

加餐时间要合适：下午加餐宜在15：00左右进行，不能过早或过晚。

下午加餐

图中的热量为参考值，其具体套餐热量会有上下波动，一日内保证摄入总热量不超标即可。

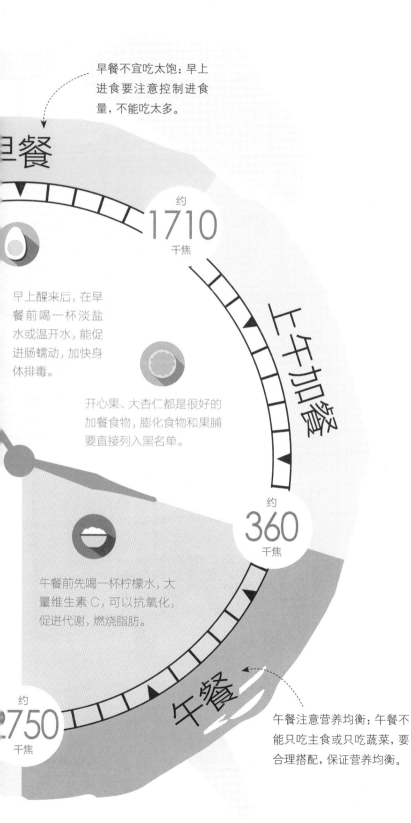

早餐不宜吃太饱：早上进食要注意控制进食量，不能吃太多。

早餐

约 **1710** 千焦

早上醒来后，在早餐前喝一杯淡盐水或温开水，能促进肠蠕动，加快身体排毒。

开心果、大杏仁都是很好的加餐食物，膨化食物和果脯要直接列入黑名单。

上午加餐

约 **360** 千焦

午餐前先喝一杯柠檬水，大量维生素 C，可以抗氧化，促进代谢，燃烧脂肪。

约 **2750** 千焦

午餐

午餐注意营养均衡：午餐不能只吃主食或只吃蔬菜，要合理搭配，保证营养均衡。

不宜喝久沸的开水

喝久沸的开水或反复煮沸的开水易引起血液中毒。由于水在反复沸腾后，水中的亚硝酸银、亚硝酸根离子以及砷等有害物质的浓度相对增加。喝了久沸的开水以后，会导致血液中的低铁血红蛋白结合成不能携带氧的高铁血红蛋白，从而引起血液中毒。

多一点醋，少一点盐

摄入太多的盐不但会增加身体负担，还会越吃越咸，其他食物也会跟着吃多，体重不增加都很难。这时，不妨多一点醋，少一点盐，不但不会感到咸度不够，反而会感到菜更加可口，嘴里也不会觉得那么咸了，喝水和吃其他食物的量也会减少，体态会由此轻盈起来。

想继续吃的时候就刷牙

饭后刷牙，尤其是使用薄荷口味的牙膏，不但可以让口腔健康，口气清新宜人，还可以减少对食物的欲望。就算还想吃，刷牙后进食时口腔的不适感也会影响食物风味和口感，让你自觉地放弃进食，减少热量的额外摄入，有利于控制体重。

套餐 A 食以水为先，胖从根处减

人体获取水的途径主要是饮水与进食。此套餐在保证控制了每日摄入总热量的同时，摄入了充足的蛋白质、维生素等营养素，并特意将部分食材用了炖煮的方式做成了汤的形式，菜、汤同吃，既保证了营养又能增加饱腹感，减少热量的摄入。

早餐	约 1 670 千焦	9 点前	养胃粥 1 碗（250 克） 煮鸡蛋 1 个 牛奶浸白菜 1 份（250 克）
上午加餐	约 293 千焦	10 点左右	开心果 15 克
午餐	约 2 803 千焦	13 点前	莲藕炖牛腩 1 份（250 克） 香菜拌黄豆 1 份（200 克）
下午加餐	约 167 千焦	15 点左右	冬瓜蜂蜜汁 1 杯（200 毫升）
晚餐	约 1 757 千焦	19 点前	玉米窝窝头 1 个 白萝卜海带汤 1 份（250 克） 五彩山药虾仁 1 份（200 克）

所提供菜谱仅供参考。

养胃粥

289 千焦 /100 克

原料： 大米 50 克，红枣 4 颗，香菇 20 克，盐（或蜂蜜）适量。

做法：

1. 香菇洗净焯水后切丁；大米淘洗干净；红枣洗净。

2. 三者同时放入锅内，加适量清水，大火煮开后，小火熬煮成粥。

3. 依个人口味可用盐或者蜂蜜调味，早晚食用。

营养不长胖： 本粥能够帮助人体补充所需的碳水化合物，养胃健脾，适合减肥人群食用。若在晚上食用更有利于控制体重。

吃不胖的搭配

养胃粥 + 香菇油菜包 + 水煮蛋

养胃粥 + 凉拌三丝 + 蛤蜊蒸蛋

牛奶浸白菜

247 千焦 /100 克

牛奶浸白菜清淡
无油，滋润肠道
助消化。

原料： 牛奶 250 毫升，白菜心 300 克，奶油 20 克，盐适量。

做法：

1. 将白菜心洗净，在锅内烧开清水，滴入少许油，放入白菜心，将其焯至软熟，捞出沥干备用。

2. 把牛奶倒进有底油的锅内，加入盐，烧开后放入沥干水的熟白菜心，略浸后加入奶油即可。

营养不长胖： 此菜味道鲜美，口味清淡，营养丰富易消化。牛奶富含蛋白质，白菜含大量膳食纤维，二者搭配是不错的减肥美食。

莲藕炖牛腩

519 千焦 /100 克

吃不胖的搭配

莲藕炖牛腩 + 醋熘白菜 + 红豆饭

原料： 牛腩 150 克，莲藕 100 克，红豆 30 克，姜片、盐各适量。

做法：

1. 牛腩洗净，切大块，余烫，过冷水，洗净沥干；莲藕去皮洗净，切成片。

2. 将牛腩块、莲藕片、姜片、红豆放入锅中，加适量水，大火煮沸，转小火慢煲 2 小时，出锅前加盐调味即可。

营养不长胖： 莲藕含有较为丰富的碳水化合物，又富含维生素 C 和胡萝卜素，十分适合用来补充维生素；牛腩可以提供高质量的蛋白质，增强身体的免疫力。

五彩山药虾仁

310 千焦/100 克

原料： 山药 200 克，虾仁、豌豆荚各 50 克，胡萝卜半根，盐、香油、料酒各适量。

做法：

1. 山药、胡萝卜去皮，洗净，切成条，放入沸水中焯烫；虾仁洗净，用料酒腌 20 分钟，捞出；豌豆荚洗净。

2. 油锅烧热，放入山药条、胡萝卜条、虾仁、豌豆荚同炒至熟，加盐调味，淋上香油即可。

营养不长胖： 山药五彩虾仁能为身体提供全面的营养。其中山药是高膳食纤维食物，饱腹感强，食用后有瘦身的效果。

五彩山药虾仁营养全面丰富，可增强饱腹感。

冬瓜蜂蜜汁

121 千焦/100 克

冬瓜蜂蜜汁可以滋阴润燥，消除水肿。

原料： 冬瓜 200 克，蜂蜜适量。

做法：

1. 冬瓜洗净，去皮和瓤，切块，放锅中煮 3 分钟，捞出。

2. 将熟冬瓜块放入榨汁机中，加适量温开水榨成汁。

3. 食用时加入适量蜂蜜调匀即可。

营养不长胖： 蜂蜜口感香甜，具有滋养、润燥、美白养颜、润肠通便的功效；冬瓜热量低，能有效缓解水肿症状，经常食用也不用担心体重飙升。

白萝卜海带汤

146 千焦 /100 克

原料： 海带 50 克，白萝卜 100 克，盐适量。

做法：

1. 海带洗净切丝；白萝卜洗净切丝。

2. 将海带丝、白萝卜丝放入锅中，加适量清水，煮至海带熟透。

3. 出锅时加入盐调味即可。

营养不长胖： 白萝卜是很好的保健食品，有消食化滞、开胃健脾、清热生津的功效；经常食用海带有利于钙的吸收，并且还能减少脂肪在体内的积存。

白萝卜海带汤可消食化滞，减少脂肪在体内的堆积。

香菜拌黄豆

553 千焦 /100 克

香菜拌黄豆补充优质蛋白质和钙，不会增重。

原料： 香菜 50 克，黄豆 150 克，盐、姜片、香油各适量。

做法：

1. 黄豆泡 6 小时以上，泡好的黄豆加姜片、盐煮熟，凉凉。

2. 香菜切段，拌入黄豆中，吃时淋上香油即可。

营养不长胖： 黄豆营养较全面，其中含丰富的蛋白质。虽然黄豆热量较高，但适量吃些是不会导致体重飙升的。

套餐 B　低盐不重口，减肥更轻松

　　现代人普遍有食盐摄入过量的问题，应该严格控制食盐摄入量，每日 6 克即可。平时热爱运动的人因为排汗较多，摄入盐分可以适量增加。此套餐在保证控制了每日摄入总热量的同时，较多选用了凉拌、生吃或清炖的烹饪方式，并且加入了富含钾的食材，保证了每日盐的摄入充足而不过量，利于维持身体健康。

早餐	约 1 757 千焦	9 点前	燕麦粥 1 碗（250 克）　西红柿鸡蛋羹 1 份（200 克）　银耳拌豆芽 1 份（200 克）
上午加餐	约 297 千焦	10 点左右	核桃 1 个
午餐	约 2 611 千焦	13 点前	紫菜包饭 1 个　芥蓝腰果炒香菇 1 份（200 克）
下午加餐	约 377 千焦	15 点左右	芒果西红柿汁（200 毫升）
晚餐	约 1 548 千焦	19 点前	红豆粥 1 碗（200 克）　紫甘蓝什锦沙拉 1 份（200 克）　素炒西葫芦 1 份（250 克）

所提供菜谱仅供参考。

523 千焦/100 克

芥蓝腰果炒香菇

原料： 芥蓝 150 克，香菇 4 朵，腰果、枸杞、盐各适量。

做法：

1. 芥蓝洗净去皮，切片；香菇洗净后切片；腰果、枸杞洗净沥水。

2. 油锅烧热，放入腰果，小火炸至变色捞出。

3. 锅中留油烧热，煸炒香菇片，炒至水干，加入芥蓝片翻炒至熟，再加入腰果、枸杞和盐翻炒均匀即可。

营养不长胖： 腰果含蛋白质、优质脂肪等，与富含维生素和膳食纤维的芥蓝、香菇搭配食用，营养均衡不增重。

芥蓝腰果炒香菇富含维生素、膳食纤维、蛋白质等营养成分，好吃且热量又低。

〜〜〜吃不胖的搭配

芥蓝腰果炒香菇 + 素炒圆白菜 + 玉米粥

芥蓝腰果炒香菇 + 蒜蓉茄子 + 南瓜小米粥

银耳拌豆芽

163 千焦/100 克

银耳拌豆芽可促进肠道蠕动，帮助排毒瘦身。

原料： 绿豆芽 100 克，银耳、青椒各 50 克，香油、盐各适量。

做法：

1. 将绿豆芽去根，洗净，沥干；银耳用水泡发，洗净；青椒洗净，切丝。

2. 锅中加水烧开，将绿豆芽和青椒丝焯熟，捞出凉凉。

3. 将银耳放入开水中焯熟，捞出过凉水，沥干。

4. 将绿豆芽、青椒丝、银耳放入盘中，放入香油、盐，搅拌均匀即可。

营养不长胖： 银耳拌豆芽含有丰富的维生素 C 和胡萝卜素，有排毒减肥的功效。此菜热量较低，对控制体重有好处。

紫甘蓝什锦沙拉

192 千焦/100 克

多种蔬菜凉拌生吃可保留其中的营养物质。

原料： 紫甘蓝 2 片，胡萝卜 20 克，玉米粒 20 克，沙拉酱适量。

做法：

1. 将紫甘蓝、胡萝卜分别洗净，胡萝卜切小块，紫甘蓝切丝。

2. 将胡萝卜和玉米粒在开水中略微焯烫，捞出后浸入凉开水中。

3. 将紫甘蓝丝、胡萝卜块、玉米粒码盘，挤上沙拉酱，拌匀即可。

营养不长胖： 紫甘蓝什锦沙拉食材丰富，含有丰富的维生素和膳食纤维，并且凉拌、生吃能最大限度地保存营养，非常适合想要控制体重的人食用。

第四章
轻断食减体脂，瘦得更明显

　　科学的减肥方法，要求吃进去的热量要小于消耗的热量，而不是完全不从外界摄入热量。极端的节食法肯定不可取，人们常说"吃饱了才有力气减肥"，也并不是没有道理的。即使要减肥，要降体脂，也应遵循营养均衡的原则，轻断食便能达到这个要求。轻断食的"5∶2"方法可以避免摄入过多热量。每周5天正常饮食、2天轻断食，你完全可以根据自己的工作时间，安排在哪两天进行轻断食。

轻断食，你一定要断对

什么情况下才需要进行轻断食降体脂？你适不适合进行轻断食？轻断食需要准备什么，怎么进行？这些都是你需要了解的问题。只有用对轻断食方法，才能达到健康瘦身的目的。

身体出现这些标志，你要轻断食降体脂

除了用体脂秤测量体脂，身体也会主动发出信号，提醒你需要降体脂了。看得见的标志：当你发现平时穿的裤子腰变紧了，随手一捏，腰边就能捏起松松的肉。"看不见"的标志：体检时，报告单上显示"轻度脂肪肝""高血脂"等字样。

节食是指通过不吃或吃很少的食物来使体重下降，身体经常处于饥饿状态，一旦复食，容易暴饮暴食，体重又会升上去。而轻断食不同于节食，轻断食期间只要合理控制摄入的热量，学会科学搭配食材，既可以吃饱不挨饿，又可以达到减脂瘦身的目的。如果你既想减肥，又不愿意挨饿，抵挡不了美食的诱惑，不妨试试轻断食的方法，可以让你不挨饿也能变瘦变美。

哪些人不适合轻断食

轻断食并不适合所有人，属于下列任一情况的人，就不要尝试了。

（1）孕妇、产妇、哺乳期妈妈。

（2）处于生长发育期的儿童、青少年。

（3）瘦弱的老年人。

（4）患有慢性胃炎、溃疡性结肠炎等慢性消耗性疾病的人。

（5）每天需要摄取充足热量的人，如重体力劳动者。

轻断食需要准备什么

如果你适合轻断食减肥法，哪些东西是你需要了解或购买的呢？

（1）心理准备：放弃那种一下子就瘦下来的想法，善待自己。

（2）了解自己：轻断食前，你可以先去买台体脂秤，然后把这些数据记下来，方便你做前后对比。

（3）列个计划：计划好轻断食的时间，选择适合你的食谱方案。比如喜欢吃水果，就选择水果轻断食或者果蔬汁轻断食。

（4）定期监测：每周测量一次自己的体重，看脂肪和肌肉的比例有没有发生变化，好的变化会让你更自信。

（5）做好总结：随时记下自己轻断食的感觉，比如进食后的饱腹感、心情是否愉快等。

轻断食期间营养要均衡，摄取热量低的谷物和水果蔬菜。

成功轻断食的秘诀是 5:2

轻断食从可操作性和可持续性上来看都优于"节食"。

2 天的"坚持"：轻断食的 2 天，多选择富含膳食纤维、蛋白质的食材，尽量以清蒸、水煮、凉拌的方式烹调，或者直接生吃。饱腹感达到五分饱到七分饱即可。

5 天的"科学合理"：另外的 5 天里也要做到科学合理地搭配食物。每天的食物成分中要有充足的蛋白质、维生素和膳食纤维，还要有适量的脂肪与碳水化合物。

轻断食期间不得不吃的营养

轻断食期间虽然要限制所吃食物的数量，但是关键营养素可不能减少。

（1）优质蛋白质：主要存在于动物性食物和豆类食物中，如鸡蛋、鱼虾、牛肉、鸡、鸭、低脂牛奶等。

（2）必需脂肪酸：富含优质蛋白质的食物也含有身体所必需的脂肪酸，如鱼虾中富含 ω-3 脂肪酸。

（3）碳水化合物、多种维生素、矿物质、膳食纤维：杂粮、淀粉类蔬菜以及水果中含有一定量的碳水化合物、维生素、膳食纤维；绿叶蔬菜中则富含多种维生素、膳食纤维和矿物质。

轻断食早晚要少吃

在早上，我们的身体代谢相对旺盛，此时适当限制热量，可以让体内的热量更容易消耗；到了晚上，身体的代谢率下降，此时限制热量，可以适应代谢变慢的节奏，不会增加身体的负担。最好选择热量低、体积大、饱腹感强的食物。

轻断食的关键

轻断食不是完全不吃饭，而是在一段时间内控制饮食，选择不吃或者少吃，而在其他的时间内正常进食。轻断食对于减肥和健康有积极的作用，但如果断食时少吃、不断食时暴饮暴食则没有任何意义，要科学合理地搭配食材，保证摄入适量的人体必需的营养物质，在保证身体健康的基础上有节制地断食。

要想轻断食成功，关键是吃的食物总热量要低。轻断食日的总热量摄入是平时的 1/4~1/3。即使某一餐热量多了或者少了，也可以在其他的两餐中调整，一天的总热量不超标即可。如果你已经准备好了，就开始轻断食吧。

你一定会问的轻断食问题

无论你是正准备轻断食，还是正在进行轻断食，你所关心的、想知道的问题，都能得到专业解答，这里将为你排除关于轻断食的疑虑。

Q 违反了轻断食规则影响效果吗

A 轻断食之所以能减肥，是因为通过 5:2 的饮食习惯，尽可能少地从外界摄入热量，更多地帮助燃烧体内的脂肪来补充热量。如果实在"不小心"违反了规则，多多少少都会影响减肥效果，但是不要紧，只要迅速调整进食的量和时间，尽快恢复轻断食的饮食习惯，效果也不会很差。

Q 轻断食期间容易生病吗

A 极端的节食法，会在短期内使身体的热量急速下降，免疫力也会有所下降，生病就再正常不过了。但只要你体验过轻断食，并且坚持下来了，就完全没必要担心生病，相反你会觉得自己身体变得轻盈，精神状态也很好。另外，轻断食是一种很有弹性的减肥方法，适时调整轻断食方案是完全可以避免免疫力下降的，你也就不用担心生病这回事了。

Q "四期"女性能轻断食吗

A 女性的"四期"是指月经期、妊娠期、产褥期和哺乳期，只有月经期才可以轻断食。但月经期由于失血，会导致铁的消耗增加，所以如果轻断食，饮食中最好适量添加含铁高的食物，如鸭血、鸭肝等。那妊娠期、产褥期和哺乳期为什么不适合轻断食呢？这是因为这 3 个特殊的生理期要保证胎儿、婴儿的营养需求，如果随意进行轻断食，就会引起自己营养不佳和孩子发育不良。

合理控制进食量，选择热量低的食物。

Q 轻断食就是吃素不吃肉吗

A 2 天的轻断食只吃蔬菜这样的低热量食物，的确会让体重下降得多一点，但恢复正常饮食后容易导致暴饮暴食或营养不良，所以轻断食期间应该荤素搭配，通过控制饮食量来减少摄入的食物热量，而不是减少食物种类。每种食物都要吃一点，保证每天都可以摄入适量的优质蛋白质、必需脂肪酸、碳水化合物、充足的膳食纤维、维生素和矿物质。

Q 轻断食体重没怎么变，是不是没效果，还要坚持吗

A 当然要坚持轻断食。即使体重没怎么变，体脂也可能降了。体脂可以用体脂秤来测量，也可以通过观察自己的身材来判断。有些人原本体重超标就不多，只是体脂的比例超标，这些人在轻断食期间要更多地关注体脂变化；有些人体重和体脂超标都比较明显，那么轻断食期间应该两个指标都关注，以关注体脂的变化为主。

Q 复食会不会吃得更多

A 轻断食 2 天后，恢复正常饮食，你会发现只吃了以前食量的七八成就饱了。随着时间推移，饱腹感来得越来越容易。这是因为轻断食期间吃的食物变少了，胃没有被扩张得很明显。当你的胃适应了减少后的食量，就会向大脑发出"我只装得下这么多食物"的信号。所以，在复食后，即使摆在餐桌上的食物增加了，大脑也只能接收到"胃容量有限"的信号，不会把这些美食全都"消灭"。

轻断食处理果蔬小窍门

果蔬要用流动的水仔细清洗，并浸泡 20 分钟，有皮的尽量去皮。可直接凉拌的蔬菜，用纯净水冲洗后调味；需要焯水再凉拌的蔬菜，要掌握好焯水的时间。除了先洗后切、快速焯水的方法，凉拌时还可以放些醋来减少维生素的流失。

这样轻断食助你远离便秘

在轻断食期间，注意摄入富含膳食纤维的食物，如蔬菜、水果、粗杂粮等。保证每天饮水量在 1 200 毫升左右（相当于 2 瓶矿泉水），以白开水为首选，少喝饮料，可滋润肠道，缓解便秘。此外，还应保证每天有固定的运动或锻炼，如快走、慢跑、瑜伽等。

正常饮食日注意事项

正常饮食的 5 天里，火锅和零食都可以吃，但要吃对。火锅首选清汤锅底，其次要先涮蔬菜，再涮肉。轻断食首选的零食有低脂牛奶、低脂酸奶、水果、少量坚果等，尽量不要吃饼干、面包、果脯、炸鸡排以及薯片、锅巴等膨化食品。

9 种轻断食方案，帮你轻松降体脂

本书为你介绍以下 9 种常见的轻断食方案。每个人的实际情况不同，喜好不同，在其中总能找到适合自己的一种。

果蔬汁轻断食：摆脱便秘，养颜淡斑

我们之所以会发胖，大部分是因为食物残渣附着在肠壁上，很难清除。与此同时，肠道还会反复吸收，给我们的身体造成极大的负担。

★ 适宜人群：便秘、高血脂、果蔬摄入少的人群适宜采用，可以增加饱腹感和肠蠕动，促进排便。

★ 不宜人群：血糖高的人群慎用。

★ 最宜使用时间：每天早餐、午餐，周末轻断食。

富含膳食纤维的果蔬，促进排毒

富含膳食纤维的果蔬是榨汁的好选择，榨汁时最好用刀片锋利、搅拌速度快的果汁机，以减少营养素的流失。

富含膳食纤维的果蔬汁食材任意选

★ 香蕉：1/2 根香蕉加 1/2 个苹果榨汁，排毒又不长胖。

★ 葡萄：大颗的葡萄取 5 颗，连皮带籽榨汁，既能减肥又抗氧化。

★ 芹菜：搭配水果榨汁更美味，只要 1/2 根就够了。

早餐	约 590 千焦	9 点前	西芹苹果汁 1 杯（200 毫升）　全麦面包片 1/2 片　煮鸡蛋 1 个
上午加餐	约 120 千焦	10 点左右	巴旦木 5 颗
午餐	约 660 千焦	13 点前	杂粮粥 1/2 碗 (100 克)　秋葵拌鸡肉 1 份 (100 克)　海米白菜 1 份（100 克）
下午加餐	约 160 千焦	15 点左右	草莓 5 个
晚餐	约 320 千焦	19 点前	玉米苹果汁 1 杯（200 毫升）　炝拌黄豆芽 1 份（100 克）

消脂燃脂的果蔬，美容养颜

　　果蔬汁深受减肥瘦身人士的喜爱是因为其热量低且又能提供均衡的营养。用新鲜的水果和蔬菜做成富含抗氧化物的果蔬汁能有效地为人体补充维生素以及钙、磷、钾、镁等矿物质，及时补充在减肥过程中所丢失的维生素和无机盐，增强细胞活力及肠胃功能，促进消化液分泌，消除疲劳，美容养颜。

　　虽然果蔬汁有诸多好处，但是因为水果含糖量普遍较高，糖分摄入过多对身体并没有好处，所以在制作果蔬汁的时候我们应该适当减少水果，增加蔬菜。

宜变换花样搭配果蔬

有些果蔬中含有可以破坏维生素 C 的酶，如胡萝卜、哈密瓜等，这种酶容易受热及酸的破坏。所以在自制新鲜果蔬汁的时候，可以加入适量柠檬这类较酸的水果，来预防维生素 C 受到破坏。

消脂燃脂的果蔬汁食材任意选

★ 胡萝卜：1/2 根胡萝卜榨汁，增加甜味，有助于增加饱腹感。

★ 草莓：5 个鲜草莓榨汁，燃脂效果极佳。

★ 山药：1/4 根蒸熟的山药加 1/2 个橙子榨汁，有助于消化吸收。

★ 黄瓜：1 根黄瓜榨汁，可以帮助消除水肿。

★ 木瓜：1/4 个木瓜榨汁，消化蛋白质和淀粉。

早餐	约 600 千焦	9 点前	木瓜牛奶果汁 1 杯（200 毫升） 燕麦粥 1/2 碗（100 克） 煮鸡蛋 1/2 个
上午加餐	约 80 千焦	10 点左右	葡萄 5 粒
午餐	约 790 千焦	13 点前	橙子胡萝卜汁 1 杯（200 毫升） 卤鸡翅中 2 个 丝瓜炖豆腐 1 份（100 克）
下午加餐	约 160 千焦	15 点左右	猕猴桃 1/2 个
晚餐	约 480 千焦	19 点前	红豆豆浆 1 杯（100 毫升） 烫蔬菜 1 份（100 克）

123 千焦 /100 克

西芹苹果汁

原料： 苹果 50 克，西芹 50 克。

做法：

1. 苹果洗净，切小块；西芹撕去粗丝，洗净切段。

2. 将西芹段和苹果块放入果汁机中，倒入凉开水搅打 1 分钟榨成汁（使用具有快速搅拌功能的果汁机，可保留膳食纤维。）

3. 搅拌后不必过滤，立即饮用，放置时间过长会导致氧化。

营养不长胖： 西芹热量低，含有丰富的矿物质、维生素及膳食纤维，有镇静、降压、健胃、利尿的功效。其叶茎中所含的特殊成分可降脂、降压，有减肥功效，帮助保持身体健康。

295 千焦 /100 克

秋葵拌鸡肉

吃不胖的搭配

秋葵拌鸡肉 + 胡萝卜西红柿汁 + 雪菜包

原料： 秋葵 5 根，鸡胸肉 100 克，圣女果 5 个，柠檬半个，盐、橄榄油各适量。

做法：

1. 洗净鸡胸肉、秋葵和圣女果。

2. 秋葵放入滚水中焯烫 2 分钟，捞出，浸凉，去蒂，切小段；鸡胸肉放入滚水中煮熟，捞出沥干，切成小方块；圣女果对半切开。

3. 将橄榄油、盐放入小碗中，挤入几滴柠檬汁，搅拌均匀成调味汁。

4. 将切好的秋葵、鸡胸肉和圣女果放入盘中，淋上调味汁即可。

营养不长胖： 秋葵热量低，有增强体力的功效。鸡胸肉蛋白质含量高，饱腹感很强，热量低，适合肥胖人群经常食用。

海米白菜

209 千焦 /100 克

原料： 白菜 200 克，海米 10 克，葱、蒜、盐、玉米淀粉各适量。

做法：

1. 白菜洗净，切成长条，烫一下，控水；海米泡开，洗净控干；葱洗净切丝；蒜、姜洗净切末；玉米淀粉加水调成水淀粉。

2. 油锅烧热，放葱、姜、蒜、海米煸出香味，再放白菜条快速翻炒至熟，加盐调味，最后用水淀粉勾芡即可。

营养不长胖： 海米白菜具有补肾、利肠胃的功效。白菜中含丰富的维生素 C 和膳食纤维，具有很好的护肤效果，还能有效控制体重。

吃不胖的搭配

海米白菜 + 白萝卜梨汁 + 粗粮面包

海米白菜滋润肠胃，促进脂肪代谢。

炝拌黄豆芽

205 千焦 /100 克

炝拌黄豆芽少油少盐，利于控制体重。

原料： 黄豆芽 150 克，胡萝卜半根，盐、花椒、酱油、香醋、香油各适量。

做法：

1. 黄豆芽洗净；胡萝卜洗净，去皮切丝。

2. 黄豆芽、胡萝卜丝分别焯水，捞出过凉并沥干水分。

3. 将黄豆芽、胡萝卜丝倒入大碗中，调入盐、酱油、香醋、香油拌匀。

4. 另起油锅，烧热后炸香花椒，泼在上面，搅拌均匀即可。

营养不长胖： 黄豆芽中的维生素 B_2 含量较高，水分和膳食纤维的含量也特别多，可以促进肠道的蠕动，有排毒减肥的功效。

115 千焦 /100 克

木瓜牛奶果汁

木瓜牛奶果汁既能够促进消化，控制体重，还能美容养颜。

原料： 木瓜、橙子各半个，牛奶适量。

做法：

1. 木瓜去籽挖出果肉，切成小块；橙子削去外皮，去籽切成小块备用。

2. 将准备好的水果块放进榨汁机内，加入牛奶、凉白开水，搅拌打匀即可。

营养不长胖： 木瓜牛奶果汁做法简单，营养不增重，适合想要控制体重的人饮用。果汁中钙、维生素含量丰富，木瓜所含的木瓜酶能促进消化，可帮助排出体内毒素，有美容减肥的功效。

105 千焦 /100 克

橙子胡萝卜汁

橙子胡萝卜汁富含维生素 C，抗氧化性强，可控制体重。

原料： 橙子 2 个，胡萝卜 1 根。

做法：

1. 将橙子洗净，去皮切块；胡萝卜洗净，去皮切块。

2. 将胡萝卜块和橙子一同放入榨汁机，加适量凉白开水榨汁即可。

营养不长胖： 鲜美的橙汁可以调和胡萝卜特有的气味，胡萝卜能够平衡橙子中的酸。这道饮品制作简单，热量低，具有较强的抗氧化功效，同时也是清洁肠胃的佳品，非常适合想要控制体重的人饮用。

丝瓜炖豆腐

313千焦/100克

吃不胖的搭配

丝瓜炖豆腐 + 南瓜杂粮粥 + 烫油菜心

原料: 豆腐 50 克,丝瓜 100 克,高汤、盐、葱花、香油、油各适量。

做法:

1. 豆腐洗净,切块;用刀刮净丝瓜外皮,洗净,切滚刀块。

2. 豆腐块用开水焯一下,冷水浸凉,捞出,沥干水分。

3. 油锅烧至七成热,放入丝瓜块煸炒至软,加高汤、盐、葱花,烧开后放豆腐块,改小火炖 10 分钟,转大火,淋上香油即可。

营养不长胖: 丝瓜富含维生素 C,与豆腐一起炖食,营养丰富,还有助于铁元素的消化吸收。

山药枸杞豆浆

80千焦/100克

山药枸杞豆浆滋养肠胃
助消化,降脂、降压。

原料: 山药 120 克,黄豆 40 克,枸杞子 10 克。

做法:

1. 山药去皮,洗净,切块;黄豆洗净,浸泡 10 小时;枸杞子洗净,泡软。

2. 将山药块和黄豆放入豆浆机中,加水至上下水位线之间,打成豆浆,最后放入枸杞子加以点缀即可。

营养不长胖: 枸杞子有降血糖、降血压、降血脂等多种功效;山药含有丰富的维生素和矿物质,热量又相对较低,在享受美味的同时不用担心会长胖。

蔬菜轻断食：增加膳食纤维，促消化

蔬菜含有丰富的膳食纤维，而且热量极低，提升饱腹感的同时，能够控制食欲，避免饮食过多，同时膳食纤维对改善便秘、提高排毒效率等有显著的效果。最重要的是，蔬菜中还含有大量的维生素与矿物质，它们对体内多项代谢机能有催化作用，能进一步帮助打造易瘦体质。

★ 适宜人群：高血脂、高血糖、便秘的人群适宜采用，可以提供丰富的维生素和膳食纤维，降血脂和血糖，促进排便。

★ 不宜人群：慢性胃炎的人群慎用。

★ 最宜使用时间：每天早餐、中餐、晚餐，周末轻断食。

蔬菜巧搭配，瘦身无负担

轻断食期间，每天食用适量的蔬菜能够保证体内有足量的膳食纤维，起到预防便秘、降低血脂和血糖、减肥瘦身等效果。其中非淀粉类蔬菜占每天摄取蔬菜的 2/3，淀粉类蔬菜占每天摄取蔬菜的 1/3，保持这个比例，可以在保证摄入充足膳食纤维、维生素和矿物质基础上，达到低热量饮食的目的。

2/3 非淀粉类蔬菜任意选

多数非淀粉类蔬菜营养素含量偏低，但是，它们所含水分多，膳食纤维含量较高，热量比较低，减肥期间可以大量吃。

★ 西红柿：1 个西红柿可以作为下午饥饿时的加餐。

★ 白菜：1/2 棵白菜炒着吃或凉拌，润肠、排毒效果好。

★ 菠菜：4 棵菠菜焯烫后刚好可以放入轻断食的盘子中。

★ 白萝卜：1/2 根白萝卜，轻断食早餐可凉拌，中餐可清炒，有助于消化。

1/3 淀粉类蔬菜任意选

淀粉含量较高的蔬菜在减肥期间可用来代替部分主食。和精制大米、白面比起来，它们的膳食纤维、维生素含量都要略胜一筹，所以饱腹感能够维持更长时间。

蔬菜宜先洗再切

新鲜蔬菜含有较多的维生素 C，但维生素 C 是一种水溶性维生素，很容易溶解于水中，如果把整棵菜或整片菜叶先用清水洗净，然后再切，就可减少维生素 C 和其他水溶性维生素的流失。

★ 南瓜：需补充膳食纤维时，蒸 1/10 个南瓜吃即可。

★ 红薯：红薯热量较高，每餐只可吃 1/4 个。

蔬菜宜现用现切

新鲜蔬菜被切碎后和空气的接触面会大大增加，如果放置的时间过久，蔬菜切面破碎细胞中的维生素 C 会被空气氧化，增加了营养的损失率。所以，在烹调蔬菜时，应该先洗后切，现切现用。

★ 土豆：1/2 个土豆做成土豆泥，有通便功效。

★ 紫薯：紫薯比红薯热量低，轻断食中餐可以吃 1/2 个。

★ 芋头：轻断食可以常吃芋头促消化，每次 1 个即可。

早餐	约 560 千焦	9 点前	水煮茼蒿 1 份 (100 克) 煮鸡蛋 1 个 无糖豆浆 1 杯 (200 毫升)
上午加餐	约 85 千焦	10 点左右	蒸红薯 1 块
午餐	约 850 千焦	13 点前	醋熘白菜 1 份 (100 克) 牛排 1/4 块 粥 1/2 碗 (100 克)
下午加餐	约 100 千焦	15 点左右	西红柿 1 个
晚餐	约 500 千焦	19 点前	蒸芋头 1 个 香菇菜心 1 份 (100 克)

生姜红茶轻断食：祛湿暖体，不怕冷

生姜和红茶都属于热性食品，都有促进血液循环、加快新陈代谢的功能。因此，红茶和生姜都有暖身的作用，还有助于改善手脚冰冷的症状。生姜、红茶两种减肥食物的作用相加，有益于增强身体代谢机能，加快脂肪的燃烧，促使囤积在体内的废物排出，从而起到了减肥的效果。

★ 适宜人群：脾胃虚寒的人群适宜采用，可以生津润燥。

★ 不宜人群：易上火、失眠的人群慎用。

★ 最宜使用时间：每天早餐、午餐，周末轻断食。

合理饮用生姜红茶，有效减脂

生姜味辛，性微温，有解表散寒、化痰止咳的功效。茶味甘、苦，性凉，有清火祛疾的功效。生姜还具有通便的特殊作用，而红茶所含的咖啡因能排除身体多余水分，改善水肿。经常饮用生姜红茶，不仅有助于迅速解决便秘这一问题，还能帮助提神，在一天内保持充沛的精力。

生姜红茶的泡制有讲究

因为生姜加红茶这样的味道有些人会接受不了，这时候加些蜂蜜或者红糖，可以改善口感。生姜蜂蜜红茶中加入了能够润肠的蜂蜜，这样搭配不仅可以缓解便秘，排出体内宿便，更能起到养胃暖胃的效果。红糖生姜红茶中加入了温养补血的红糖，这样搭配可以有效缓解女性的痛经症状，对暖宫、暖胃都有一定的帮助。

生姜红茶减肥的正确喝法

生姜红茶每天喝 2~6 杯就可以了，如果想要促进减肥，那么就在早晨起来的时候先空腹喝上一杯，这样就可以开启减肥的"按钮"，升高体温，加速身体的新陈代谢。不过需要注意的是，一定要趁热喝，温着喝或者凉凉了喝的话效果不大。

生姜、红茶要选好

姜尽量选鲜姜，如果买不到鲜姜可以用姜粉来代替，起到的效果也差不多。红茶一定要是质量好的红茶，如果用劣质的，甚至霉变的红茶，不但不能起到任何效果，反而对身体有害。优质红茶比如云南滇红、祁门红茶等，如果没有，用大品牌的红茶包也可以。

过午不食生姜红茶

到了晚上，人体应该是阳气收敛、阴气外盛的状态，因此应该多吃清热、下气消食的食物，这样更利于夜间休息，而姜中所含的姜酚会刺激肠道蠕动，白天可以增强脾胃功能，夜晚则可能成了影响睡眠伤及肠道的一大隐患。所以，晚上不宜喝生姜红茶。

生姜红茶的水温需适宜

泡红茶时宜选用 90℃ 左右的水（水烧开，打开盖子放三四分钟），冲泡后 4 秒出汤，水温正合适。而蜂蜜不适合用开水冲泡，因为这样会破坏蜂蜜的营养成分，削弱蜂蜜的效果，所以等到水温降至 50℃ 左右时再加入蜂蜜会更好。

适量饮用生姜红茶可以加速代谢，帮助减肥。可加入适量红糖、蜂蜜调节口味。

早餐	约 520 千焦	9 点前	生姜红茶 1 杯（200 毫升）　什锦西蓝花 1 份（100 克）　卤鸡蛋 1/2 个
上午加餐	约 50 千焦	10 点左右	圣女果 5 个
午餐	约 650 千焦	13 点前	生姜红茶 1 杯（200 毫升）　清蒸大虾 5 个　全麦面包片 1 片
下午加餐	约 170 千焦	15 点左右	橙子 1/2 个
晚餐	约 240 千焦	19 点前	荠菜魔芋汤 1 碗（300 克）

卤鸡蛋

620 千焦 /100 克

吃不胖的搭配
卤鸡蛋 + 红薯小米粥 + 凉拌豆芽

原料： 鸡蛋 10 个，卤味调料包 1 个，酱油、白砂糖、蚝油和料酒各适量。

做法：

1. 鸡蛋煮熟，去壳。

2. 锅中烧水，水开后放入调料包，加入酱油、白砂糖、蚝油和料酒，煮开后放入去壳鸡蛋，煮 30~40 分钟关火，闷一夜。

营养不长胖： 带着卤香味的鸡蛋富含优质蛋白质，吃了以后能使人维持更长久的饱腹感，很适合作为早餐或者加餐食用。

什锦西蓝花

205 千焦 /100 克

原料： 西蓝花、菜花各 150 克，胡萝卜 100 克，盐、白糖、醋、香油各适量。

做法：

1. 西蓝花和菜花分别洗净，切成小朵；胡萝卜洗净，去皮、切片。

2. 将蔬菜分别放入水中焯熟后，捞出过凉并沥干水分，盛盘。

3. 最后加入盐、白糖、醋、香油搅拌均匀即可。

营养不长胖： 西蓝花、菜花的热量都非常低，其中西蓝花富含的膳食纤维能带来较强的饱腹感，减肥时期吃西蓝花，既确保了营养摄入，又控制了热量摄入，还不必饿肚子。

陈皮海带粥

158 千焦 /100 克

原料： 海带、大米各 50 克，陈皮、白糖各适量。

做法：

1. 将海带用温水浸软，换清水漂洗干净，切成碎末；陈皮用清水洗净。

2. 将大米淘洗干净，放入锅内，加适量水，置于火上，煮沸后加入陈皮、海带末，不时地搅动，用小火煮至粥熟，加白糖调味即可。

营养不长胖： 陈皮理气健胃、祛湿化痰；海带通经利水、化瘀软坚。此粥有补气养血、清热利水、安神健身的作用。

陈皮海带粥可以清热祛湿，有利尿作用，利于缓解水肿。

清蒸大虾

210 千焦 /100 克

清蒸大虾高蛋白低热量，清蒸的方式含油少，利于减肥。

原料： 虾 150 克，葱、姜、料酒、花椒、高汤、米醋、酱油、香油各适量。

做法：

1. 虾洗净去虾线；葱择洗干净，切丝；姜洗净，一半切片，一半切末。

2. 将虾摆在盘内，加入料酒、葱丝、姜片、花椒和高汤，上笼蒸 10 分钟左右。

3. 拣去葱丝、姜片、花椒，装盘。

4. 将米醋、酱油、姜末和香油兑成汁，吃虾时蘸食即可。

营养不长胖： 虾口味鲜美，营养丰富，是一种高蛋白、低脂肪的食物，用清蒸而非油炸的方式烹饪避免了高热量，在滋补身体的同时不易使体重飙升。

果醋轻断食：喝对了，瘦身又精神

果醋是以水果（苹果、山楂、葡萄、柿子、梨、杏、柑橘、猕猴桃、西瓜等）或果品加工下脚料为主要原料，利用现代生物技术酿制成的一种营养丰富、风味优良的酸性调味品，它兼有水果和食醋的营养保健功能，是集营养、保健、食疗等功能于一体的新型饮品。

★ 适宜人群：易疲劳、高血脂、胆结石的人群适宜采用，可消除疲劳，降低胆固醇，预防结石。

★ 不宜人群：胃酸分泌过多、痛风、血糖高的人群慎用。

★ 最宜使用时间：每天早餐、晚餐，周末轻断食。

正确选果醋，又瘦又健康

选购果醋时，要看外包装，判断它是原液醋还是已稀释过的果醋饮料，前者需要稀释，后者可直接饮用。饮用果醋时，要看营养标签，根据每 100 毫升所含的热量计算，每次取 220 千焦左右饮用。果醋也可以自制，可选择低热量、促消化的水果发酵制作。

美容养颜果醋食材任意选

★ 柠檬：果醋中加入 1/2 个
柠檬，让你精神焕发。

★ 红枣：6 颗红枣制成果
醋，减肥同时补气血。

★ 葡萄：制作果醋时放 5 颗
葡萄，帮助保护皮肤。

★ 金橘：金橘有美颜减肥、消
除疲劳的功效，制作果醋
时可以放 2 颗。

★ 樱桃：长期使用电脑的
人在果醋中加入 5 颗樱
桃，可保护视力。

排毒促消化果醋食材任意选

★ 草莓：果醋中加入 5 个鲜草莓，燃脂效果更佳。

★ 梅子：制作果醋时放 7 颗梅子，排毒效果好。

★ 苹果：苹果醋可以促进新陈代谢，制作时加入 1/2 个苹果即可。

★ 菠萝：水肿的人可以在果醋中加入 1/4 个菠萝。

★ 猕猴桃：要想补充维生素，可在果醋中加入 1/2 个猕猴桃。

饮用果醋时宜加水稀释

果醋的酸性比较强，如果不考虑自己身体的适应性，就难以起到减肥的效果，甚至影响身体健康。所以在饮用果醋时要用水稀释一下，果醋原液与水的比例为 1∶4 较好。

不宜空腹喝果醋

很多人喜欢在吃饭之前喝果醋抑制食欲，但是因为醋本身就含有高浓度的酸性成分，而过度酸性的环境对于食道和胃黏膜具有不利的影响，长此以往可能导致胃病。

特殊人群饮果醋需谨慎

虽然果醋好处多多，但并不适宜于所有人。患有糖尿病、肠胃病、低血压、肾炎、急性肝炎、经期前 2 天到经期结束、骨伤、风寒热咳的人群，均不可直接饮用果醋。如是孕期，则必须先咨询医师，然后再决定是否饮用果醋。

早餐	约 520 千焦	9 点前	苹果醋 1 杯（200 毫升）　鸡蛋三明治 1 块
上午加餐	约 50 千焦	10 点左右	开心果 5 颗
午餐	约 650 千焦	13 点前	荞麦饭 1/2 碗　去皮盐水鸡腿 1 个　西红柿炒鸡蛋 1 份 (100 克)
下午加餐	约 170 千焦	15 点左右	橙子 1/2 个
晚餐	约 240 千焦	19 点前	葡萄醋 1 杯（200 毫升）　香瓜 1 块

豆浆轻断食：无三高隐患，年轻 10 岁

豆浆的原料是黄豆，黄豆含有丰富的植物蛋白，除了蛋白质外，其含有的异黄酮和大豆配糖体等成分可以有效抑制人体对脂质和糖类的吸收，具有燃烧脂肪的效果。所以，从我们开始饮用豆浆到吸收消化，豆浆都在发挥着它燃脂的功效。

★ 适宜人群：高血脂、偏素食的人群适宜采用，可以增加饱腹感、降血脂。

★ 不宜人群：肾功能不全、高尿酸的人群慎用。

★ 最宜使用时间：每天早餐、晚餐，周末轻断食。

自制豆浆随机应变

一般豆浆制作时要求固体原料与水的比例为 1∶8，这样的浓度比较合适，过浓或过淡都会影响效果。豆浆制作好尽量不要放糖，避免增加摄入的热量或影响血糖。可以选择添加其他果蔬，不仅可以调节豆浆的口味，还可以增加饱腹感，促进肠蠕动，有助于通便，达到减肥的目的。

富含膳食纤维的果蔬豆浆食材任意选

★ 胡萝卜：黄豆搭配半根胡萝卜，增加膳食纤维。

★ 红枣：6 颗红枣搭配黄豆，补充维生素 C。

★ 黄瓜：1 根黄瓜加黄豆制成豆浆，加速脂肪代谢。

★ 香蕉：便秘的人可以用半根香蕉加黄豆制成豆浆。

★ 猕猴桃：半个猕猴桃配黄豆，增加饱腹感。

★ 苹果：黄豆搭配半个苹果，有助消化。

富含膳食纤维的谷物豆浆食材任意选

★ 燕麦：一小把或 1 勺，燕麦加黄豆制成豆浆，是减肥、降脂佳品。

★ 黑豆：黄豆配上 18 颗黑豆，增加优质蛋白质。

★ 荞麦 1 小把：荞麦和黄豆制成的豆浆，促进机体新陈代谢。

★ 红豆：黄豆搭配红豆，可以增加饱腹感。

★ 绿豆：消化不好的人可以用黄豆加绿豆制成豆浆。

豆浆一定要煮开

豆浆煮到沸腾并不代表豆浆已经熟了，因为豆浆在加热的过程中会出现假沸，所以煮的时候要敞开锅盖，煮沸后继续加热 3~5 分钟，使泡沫完全消失，让豆浆里影响蛋白质吸收的成分被完全破坏。

自制豆浆宜 2 小时内喝完

豆浆的蛋白质含量较高，如果加工出来之后没有及时喝掉，很有可能使豆浆里的微生物大量繁殖，导致豆浆变质。如果此时喝豆浆很有可能导致消化道不适。

不宜一次喝大量豆浆

豆浆在酶的作用下极易产气，所以一次喝太多豆浆会导致蛋白质消化不良，出现腹胀、腹泻等症状。同样，原本就在腹胀、腹泻的人也最好不要喝豆浆，以免症状加重。

早餐	约 520 千焦	9 点前	红豆豆浆 1 杯（200 毫升） 杂粮吐司 1/2 片 煮鸡蛋 1/2 个
上午加餐	约 50 千焦	10 点左右	火龙果 1/4 个
午餐	约 650 千焦	13 点前	杂粮饭 1/2 碗（100 克） 鸡胸肉 4 片 白灼芥蓝 1 份（100 克）
下午加餐	约 170 千焦	15 点左右	黄瓜 1/2 根
晚餐	约 240 千焦	19 点前	黑豆豆浆 1 杯（200 毫升） 凉拌莴笋 1 份

酸奶轻断食："双向"调节肠胃

酸奶减肥一方面在于其中的活性乳酸菌，能够帮助调节肠道菌群，维持肠道菌群平衡，促进胃肠蠕动，帮助排出肠道垃圾，从而减重。另一方面，酸奶是饱腹感比较强的食物，可以作为减肥代餐使用，在感到轻微饥饿的时候，喝一杯酸奶能够缓解饥饿，从而减少下一餐的食量，通过这种方式减少主食的补充，帮助减肥。

★ 适宜人群：大便干燥、爱饮奶的人群适宜采用，可以提供活性益生菌，提升肠道环境的健康水平。

★ 不宜人群：脾胃虚寒、慢性腹泻的人群慎用。

★ 最宜使用时间：每天早餐、晚餐，周末轻断食。

低脂无糖酸奶才是好选择

酸奶是以牛奶为原料，经过杀菌处理后向牛奶中添加益生菌进行发酵，然后冷却包装的一种奶制品。经过发酵的酸奶，优化了牛奶中的蛋白质与脂肪，并富含有益微生物，在肠道内更容易被吸收，消化不好的人可以适量饮用。

如何挑选酸奶

市售的酸奶品种很多，有液态的、固态的，还有添加各种果粒的，这些酸奶一般都会通过添加糖来改善口味，无形之中就增加了热量的摄入。对于要控制体重或减肥的人来说，最好选择食品包装上有"低脂"和"无糖"标示的酸奶。不要选择包装上有"酸奶饮料"标示的饮品，因为它没有酸奶的营养，含糖量很高，不利于控制体重。

适合与酸奶搭配的食物

若是选择与酸奶搭配食用的水果，香蕉是个好选择。酸奶与苹果、梨等搭配会令胃肠过度蠕动，产生不适感，而与香蕉搭配则不会出现这种情况。而且香蕉本身口感软糯，也有通便效果，很适合便秘者食用。

宜自制酸奶

市售的酸奶中通常会含有大量糖分，在购买的时候一定要选择低脂无糖酸奶。如果买不到或者自己条件允许，可以购置一个酸奶机自制酸奶，这样能够更好地掌握自己的热量摄入。

宜掌握喝酸奶的时间

因为我们选择的是低脂无糖酸奶，所以胃酸过多的人尽量不要在饭前喝，以免损伤肠胃。便秘的人空腹喝酸奶可以促进排便，但久饿空腹的状态下不宜单独喝酸奶。酸奶的饱腹感比较强，所以可以减少进餐量，但是不要吃饱后立即喝酸奶，这样会摄入额外的热量，不利于瘦身。饭后半个小时到两个小时之间喝酸奶效果较好，这时酸奶中的活性乳酸菌可以充分起到作用，帮助食物分解，促进消化吸收。

不宜加热酸奶

酸奶中含有大量活性乳酸菌，所以在保存的时候要避免高温，饮用前也不要加热或用开水稀释，以免乳酸菌大量死亡，这样不仅会使特有的风味消失，酸奶的营养价值也会损失殆尽。

喝酸奶能够促进消化吸收，可以润肠通便，有助于减肥。要选择低脂无糖的酸奶，控制热量摄入。

早餐	约 580 千焦	9 点前	低脂无糖酸奶 1 杯（100 毫升） 煮鸡蛋 1/2 个 小米红豆粥 1/2 碗（100 克）
上午加餐	约 40 千焦	10 点左右	黄瓜 1/2 根
午餐	约 740 千焦	13 点前	粳米燕麦粥 1/2 碗（100 克） 清蒸大虾 4 只 凉拌菠菜 1 份（100 克）
下午加餐	约 600 千焦	15 点左右	西瓜 1 块
晚餐	约 520 千焦	19 点前	低脂无糖酸奶 1 杯（100 毫升） 凉拌莴笋 1 份（100 克）

水果轻断食：减肥不生病，增强免疫力

每天吃适量的水果，可以补充多种维生素、矿物质和膳食纤维，增加免疫力、促进肠蠕动，促进身体的代谢功能，预防便秘。但是吃得过多，会增加血液中糖的浓度，引起血糖升高；同时水果中的果酸也会刺激消化液的分泌，引起胃部不适。所以，再好吃的水果也不能过量贪吃。

★ 适宜人群：皮肤干燥、便秘的人群适宜采用。

★ 不宜人群：血糖高者慎用。

★ 最宜使用时间：每天早餐、午餐、周末轻断食。

水果营养好吃，不可过量贪食

水果主要供给的营养素是维生素，其中以维生素 C 最为重要。水果中的维生素 C 不像烹煮蔬菜时会大量流失，因此是维生素 C 的天然补充食品。维生素 C 能延缓老化，是美容不可缺乏的营养素之一。

润肠排毒水果任意选

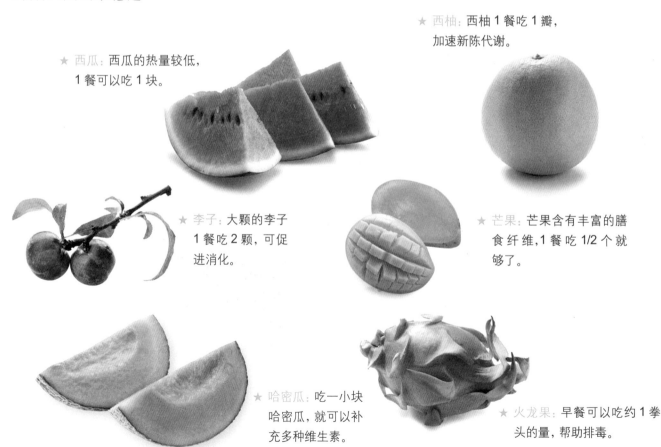

★ 西柚：西柚 1 餐吃 1 瓣，加速新陈代谢。

★ 西瓜：西瓜的热量较低，1 餐可以吃 1 块。

★ 李子：大颗的李子 1 餐吃 2 颗，可促进消化。

★ 芒果：芒果含有丰富的膳食纤维，1 餐吃 1/2 个就够了。

★ 哈密瓜：吃一小块哈密瓜，就可以补充多种维生素。

★ 火龙果：早餐可以吃约 1 拳头的量，帮助排毒。

消脂燃脂水果任意选

★ 菠萝：吃肉同时搭配 1/4 个菠萝，可防止积食。

★ 木瓜：木瓜能促进消化和吸收，每餐吃 1/4 个就够了。

★ 雪梨：轻断食期间发生便秘，吃 1 个雪梨有助于缓解症状。

★ 草莓：因高血脂引起肥胖的人，轻断食宜吃草莓，1 餐 9 颗。

★ 苹果：加餐吃 1 个苹果，降低体内胆固醇。

★ 葡萄：大颗的葡萄 1 餐吃 9 颗，减肥同时提高免疫力。

不宜吃变质的水果

水果一旦出现腐烂，就表明各种微生物已经开始繁殖了，它们产生的有害物质可以通过果汁向未腐烂部分扩散。所以在挑选水果的时候最好选择肉质鲜嫩、色泽光亮的新鲜水果，放弃腐烂水果。

不宜吃水果罐头

水果在制成罐头的时候会经过多道工序加工，导致营养流失。同时，为了能够长期保存并保持比较好的卖相和口味，水果罐头里会添加一定量的食品添加剂。如果长期食用，可能会导致肥胖或营养缺乏。

早餐	约 510 千焦	9 点前	火龙果 1/4 个　低脂牛奶 1 杯（100 毫升）　煮鸡蛋 1/2 个
上午加餐	约 85 千焦	10 点左右	香蕉 1/4 根
午餐	约 780 千焦	13 点前	鸡蛋饼 1/4 个　牛排 1/3 块　清炒西蓝花 1 份 (100 克)
下午加餐	约 200 千焦	15 点左右	菠萝 1 片
晚餐	约 370 千焦	19 点前	小米粥 1/2 碗　凉拌五彩蔬菜条 1 份 (100 克)

五谷粥轻断食：排毒轻断食两不误

五谷杂粮因为谷皮比较完整，煮的时间过短会不利于消化，熬成粥后，则具有了易咀嚼、易消化的特点。相对精米、白面而言，五谷杂粮的碳水化合物含量更低，膳食纤维含量更高，在胃内具有较强的吸水膨胀能力，食用后更容易产生饱腹感，可减少热量摄取，达到轻断食的目的。

★ 适宜人群：血糖正常、消化不良的人群适宜采用，温补饱腹。

★ 不宜人群：血糖高者慎用。

★ 最宜使用时间：每天早餐、午餐，周末轻断食。

五谷杂粮多膳食纤维，营养饱腹促减肥

《黄帝内经》中记载"五谷为养、五畜为益、五果为助、五菜为充"的饮食原则，认为五谷杂粮才是养生的根本。而五谷粥集各种杂粮于一体，能给予身体能量和全面的营养。五谷杂粮富含的膳食纤维的持水性具有海绵功能，能够调节肠壁对葡萄糖和脂肪的吸收率，促进脂肪分解，加速胃肠蠕动，降脂作用十分明显。

可以排毒的五谷杂粮任意选

★ 荞麦：具有排毒功效，可在五谷粥中加 1 勺。

★ 薏米：常应酬的人可在五谷粥中加 1 勺薏米，减少胃肠负担。

★ 黑米：熬粥时加 3 勺黑米，有助于减少脂肪在血管壁上的沉积。

★ 小米：可以健脾养胃，五谷粥中可以加 1 勺。

★ 花生：有润肺利水的功效，熬粥时可以加几颗。

富含膳食纤维的五谷杂粮任意选

★ 黑豆：1 勺黑豆和大米同煮，增加膳食纤维。

★ 玉米：熬粥时加 1 勺玉米可以润肠通便。

★ 糙米：便秘的人熬粥时加 2 勺糙米，可加速肠道蠕动。

★ 红豆：1 勺红豆和其他谷物一起煮粥，可增加饱腹感。

★ 燕麦：在五谷粥中加 2 勺燕麦，有减肥、降脂的功效。

喝粥的最佳时间

一般三餐均可食用粥，但以晨起空腹食用最佳。年老体弱、消化能力不强的人，早晨喝粥尤为适宜。喝粥时不宜同食过分油腻、黏滞的食物，以免影响消化吸收。

不宜食用太烫的粥

常喝太烫的粥，会刺激食管，容易损伤食管黏膜，引起食管发炎，造成黏膜坏死，时间长了，可能会诱发食管癌。

糖尿病患者晨起最好不要喝粥

糖尿病患者早餐喝粥会使血糖升高。而粥本身含碳水化合物，糊化程度高，且消化得快、吸收得快，血糖升高得也快，对血糖控制不利。

血糖高的人可以选择在午餐或晚餐时喝粥，喝粥时不要贪快，要细嚼慢咽。可在粥中加入玉米粒、燕麦片等粗粮或菠菜、白菜等蔬菜，有利于增加膳食纤维的摄入，控制血糖。

早餐	约 580 千焦	9 点前	黄豆糙米南瓜粥 1/2 碗（100 克） 凉拌空心菜 1 份（100 克） 煮鸡蛋 1/2 个
上午加餐	约 95 千焦	10 点左右	香瓜 1 块
午餐	约 720 千焦	13 点前	黄豆糙米南瓜粥 1/2 碗（100 克） 香煎三文鱼 1 块 凉拌素什锦 1 份（100 克）
下午加餐	约 80 千焦	15 点左右	圣女果 5 颗
晚餐	约 400 千焦	19 点前	低脂无糖酸奶 1 杯（100 毫升） 苹果 1/2 个

167 千焦 /100 克

黄豆糙米南瓜粥

黄豆糙米南瓜粥富含膳食纤维，可增强饱腹感，控制体重。

原料： 糙米 80 克，黄豆 20 克，南瓜 50 克。

做法：

1.糙米、黄豆分别洗净，浸泡 1 小时；南瓜洗净，去皮、去瓤，切块。

2.将糙米、黄豆、南瓜块一同放入锅内，加适量清水大火煮沸，转小火煮至粥稠即可。

营养不长胖： 糙米、黄豆和南瓜都富含膳食纤维，加上水熬成粥后食用会让人更有饱腹感，进而减少进食量，有利于控制体重。

293 千焦 /100 克

香煎三文鱼

吃不胖的搭配

香煎三文鱼 + 香菇荞麦粥 + 凉拌笋片

煎制后的三文鱼热量较高，不要食用过多。

原料： 三文鱼 350 克，蒜末、葱末、姜末、盐各适量。

做法：

1.将三文鱼处理干净，用葱末、姜末、盐腌制。

2.平底锅烧热，放入腌制入味的三文鱼，两面煎熟。

3.装盘时撒上蒜末即可。

营养不长胖： 三文鱼中富含维生素 A、维生素 E 等营养成分，有很好的护肤和护发作用。三文鱼在煎制过后会导致热量偏高，减肥期间可少量食用。

凉拌空心菜

172 千焦/100 克

原料: 空心菜 150 克，蒜末、盐、香油各适量。

做法:

1. 将空心菜洗净，切段。

2. 水烧开，放入空心菜段，滚三滚后捞出沥干。

3. 蒜末、盐与少量水调匀后，浇入热香油，再和空心菜段拌匀即可。

营养不长胖: 凉拌空心菜热量低，营养不增重。空心菜中膳食纤维含量极为丰富，可促进肠道蠕动，加速排毒，同时富含胡萝卜素和维生素 C，减肥期间可以大量食用，营养又瘦身。

吃不胖的搭配

凉拌空心菜 + 平菇小米粥 + 香菇鸡片

凉拌空心菜热量低，富含维生素，健康又减脂。

凉拌素什锦

260 千焦/100 克

凉拌素什锦食材多样，营养丰富，好吃又不长肉。

原料: 胡萝卜半根，豆腐皮 1 张，豇豆、豆芽、海带各 30 克，盐、白糖、香油、香菜叶、红椒丝、葱花各适量。

做法:

1. 将豆腐皮、胡萝卜、海带洗净切丝；豇豆洗净切段，备用。

2. 所有食材分别用热水焯一下，捞出放入盘中。

3. 最后加入盐、白糖、香油、红椒丝搅拌均匀，撒上香菜叶、葱花即可。

营养不长胖: 凉拌素什锦食材多样，营养丰富，吃起来清爽可口，而且热量低，在改善食欲的同时，还能有效控制体重。

汤品轻断食：补水轻断食，越喝越美

在轻断食期间应选用蔬菜做的汤品，它们保留了植物原本的膳食纤维，具有低热量、易饱腹的特点。汤能使进入胃中的食糜充分贴近胃壁，增强饱腹感，从而刺激饱食中枢，抑制摄食中枢，因而减少食物摄入量。但要记住，汤要清淡，不要过于油腻。

★ 适宜人群：肥胖、便秘的人群适宜采用，可以补充体内水分。

★ 不宜人群：需要限制饮水的人群慎用。

★ 最宜使用时间：每天早餐、午餐、晚餐，周末轻断食。

汤品有料，营养瘦身

饭前喝汤可减少正餐的进食量，饭时喝汤可促进消化，饭后喝汤则容易撑大胃容积，还容易因此导致营养过剩，造成肥胖。如果喝汤还觉得很饿的话，可以在蔬菜汤里放些饱腹感强的食材，比如土豆、芋头、山药等，但每次应少量添加。

富含膳食纤维的植物性汤品食材任意选

★ 莴笋：1/3 根莴笋熬汤，促进肠道蠕动。

★ 绿豆芽：一小把绿豆芽熬汤，可以缓解口腔溃疡症状和便秘。

★ 黑木耳：熬汤时放10 朵黑木耳，可促进胃肠蠕动。

★ 油菜：要想排宿便，可以用3棵油菜熬汤。

★ 竹笋：不小心吃多了，用1/2 根竹笋熬汤，去积食。

可以排毒的植物性汤品食材任意选

★ 平菇：熬汤时放1团平菇，可抑制毒素形成。

★ 山药：山药中含有促进消化的酶，取1/2根熬汤有助于胃肠消化。

★ 海带：海带泡发后取2片熬汤，可清除附着在血管壁上的胆固醇。

★ 丝瓜：要想快速降脂，可以用1/2根丝瓜熬汤。

★ 白菜：便秘的人可以用1/2棵白菜熬汤喝。

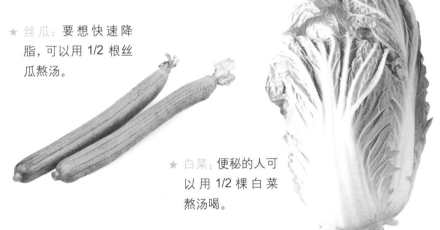

喝汤速度不能太快

如果喝汤速度很快，等意识到吃饱的时候，说不定已经吃过量了，这样容易导致肥胖。喝汤应该慢慢品味，不但可以充分享受汤的味道，也给食物的消化吸收留有充足的时间，并且提前产生饱腹感，不容易发胖。

不喝滚烫的汤

人的口腔正常温度在37℃左右，而人体的口腔、食管、胃黏膜最高能忍受的温度，也只有60℃左右，超过此温度容易造成黏膜损伤，而且常喝过热的汤会增加罹患食管癌的风险。所以喝汤应该等汤稍凉，这样可以减少对身体的威胁。

喝汤不能太单一

喝汤不能长期只喝其中一两种，不同汤的营养成分不同，效果也不同，膳食单一，会导致营养不良。各式汤饮交替，更能增加食欲，平衡营养。具有食疗作用的汤要经常喝才能起到作用，每周喝2~3次为宜。

早餐	约410千焦	9点前	莴笋平菇汤1碗(200克) 煮鸡蛋1个
上午加餐	约245千焦	10点左右	玉米窝头1/2个
午餐	约750千焦	13点前	南瓜羹1碗(200克) 柠檬煎鳕鱼2块 清炒菜花1份(100克)
下午加餐	约210千焦	15点左右	雪梨1/2个
晚餐	约380千焦	19点前	绿豆芽海带汤1碗(200克) 小葱拌豆腐1份(100克)

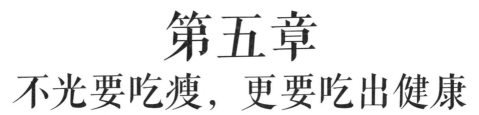

第五章
不光要吃瘦，更要吃出健康

在减肥的过程中，有些人采取了严苛激进的态度来进行减重，久而久之就伤害了脾胃。脾胃运行不佳，气血就会亏虚，脸上就会生出雀斑、黄褐斑、黑眼圈、痘痘等，很多人还会出现掉头发、怕冷、便秘、月经不调等症状。这些都是在提示你，你需要在正确的指导下进行减肥。面对这种情况，在饮食上你就需要多摄入一些排毒养颜的食物，在保持肠道顺畅、面色红润、身体健康的状态下进行减肥。

吃对缓解便秘

若是在减肥期间过分拒绝油脂，会降低肠道蠕动速度，影响排便，造成便秘。身体代谢的废物长时间停留在肠道中，容易导致毒素沉积。治疗便秘，应养成定时排便的习惯，并建立高膳食纤维、低脂肪的合理饮食结构。

燕麦

燕麦富含膳食纤维、B 族维生素、维生素 E 以及氨基酸。其富含的可溶性膳食纤维可加快肠胃蠕动，帮助排便，还有助于分解代谢胆固醇。燕麦最好作为早餐食用，每次食用量以 40 克为宜，小孩或者老人还应更少。

白菜

白菜中含有便秘人群最缺乏的两种营养：膳食纤维和水分。与白菜同科属的蔬菜，如小白菜、油菜等，都含有膳食纤维，便秘者可适当轮换食用。午餐或晚餐时，先喝 1 碗白菜汤，再吃饭，能促进大便排出。白菜性微寒，脾胃虚寒者不宜生吃。

白萝卜

白萝卜含有丰富的水分和膳食纤维，可促进肠蠕动。白萝卜尤其是萝卜叶还含有丰富的芥子油，能够增强食欲，促进消化。白萝卜可生食，也可以炒菜、煲汤，而炖煮后的白萝卜保留了大部分营养，去除了刺激性，更适合通利肠道。白萝卜味辛辣，不要空腹食用。

苹果

苹果是一种低热量食物，其所含的膳食纤维多为可溶性膳食纤维，易被身体吸收。苹果促进胃肠蠕动的效果非常明显，便秘者可以偶尔空腹吃一个苹果。晚餐后吃水果不利于消化，所以吃苹果最好选择在晚餐之前，可在饭前半小时，或者两餐之间食用。

推荐食谱

196 千焦/100 克

胡萝卜燕麦粥

原料： 胡萝卜 140 克，燕麦仁 100 克，冰糖适量。

做法：

1. 胡萝卜去皮洗净，切小块；燕麦仁洗净，浸泡 30 分钟。

2. 锅置火上，放入燕麦仁和适量水，大火烧沸后改小火，放入胡萝卜。

3. 待粥煮熟时，放入冰糖调味即可。

营养不长胖： 胡萝卜燕麦粥可以有效预防辐射，延缓衰老。

白菜炖豆腐可清理
肠胃，缓解便秘。

230 千焦/100 克

白菜炖豆腐

原料： 白菜、豆腐各 200 克，葱段、姜片、蒜片、盐、白胡椒粉、枸杞子各适量。

做法：

1. 白菜洗净，切片；豆腐洗净，切块。

2. 油锅烧热，放入葱段、姜片、蒜片炒香，加适量水，放入豆腐块、白菜片、枸杞子，炖至熟透。加入盐、白胡椒粉调味即可。

营养不长胖： 白菜富含膳食纤维，清肠胃，能很好地缓解便秘。

---

247 千焦/100 克

水果拌酸奶

水果拌酸奶可排毒
排便，缓解便秘。

原料： 酸奶 125 毫升，香蕉、草莓、苹果、梨各适量。

做法：

1. 香蕉去皮；草莓洗净、去蒂；苹果、梨分别洗净，去核。

2. 将所有水果均切成 1 厘米见方的小块。

3. 将所有水果盛入碗内再倒入酸奶，拌匀即可。

营养不长胖： 水果拌酸奶热量低，可控制体重。

吃走水肿

水肿的症状为全身水肿，以大腿、小腿等部分最严重，常常表现为按下去的时候会凹陷，不容易反弹。水肿型肥胖不能通过节食等方式来进行减重，可以多摄入具有排水、利尿作用的天然食物，如薏米、红豆、冬瓜等。另外，水肿者一定要保持低盐饮食。

薏米

薏米能促进体内血液和水分的新陈代谢，有清热去湿、消水肿的作用。薏米炒至微黄，加工成熟薏米后健脾功效要胜过生薏米。将熟薏米泡水、磨粉，或者和红豆一起煮粥，能提高薏米的排毒效果。但薏米性凉，一次不宜吃太多。

冬瓜

冬瓜水分多，不仅能利水消肿，还能有效抑制糖类转化成脂肪。而且冬瓜的热量很低，是非常好的减肥食物。冬瓜皮利水消肿的功效远胜于冬瓜肉，在家可以自制冬瓜皮茶饮用。但冬瓜性寒凉，脾胃虚寒者不宜多吃。

红豆

红豆有健脾利水、消肿的作用，常被用来当作下行利尿的药物。红豆适合煮汤食用，增加红豆的熬煮时间可以去除其中人体不能吸收的皂苷，而且煮汤饮用也有补水的作用，能平衡水分代谢。与米搭配煮粥，还可以增加 B 族维生素的摄入，有益于身体健康。

鲤鱼

鲤鱼味甘性温，能疏通血脉，有利尿消肿、益气健脾等功效，而且鲤鱼富含的优质蛋白质作为营养补充到血液中，有利于发挥利尿的作用，促进水肿的消退。鲤鱼可与红豆等用来煲汤，利水效果更佳。鲤鱼是"发物"，上火烦躁及患疮疡者要慎食。

推荐食谱

305 千焦 / 100 克

薏米老鸭汤

薏米老鸭汤可祛湿，缓解水肿。

原料： 老鸭半只，薏米 20 克，姜片、盐各适量。

做法：

1. 老鸭洗净，切块，在沸水中余一下捞出；薏米洗净。

2. 锅中加入适量水，放入鸭块、薏米、姜片，大火烧开后改小火炖煮。

3. 待鸭肉烂熟时加盐调味即可。

营养不长胖： 薏米和鸭肉都具有利水除湿的功效，适合水肿肥胖者。

香菇烧冬瓜低脂低热，利于减肥。

167 千焦 / 100 克

香菇烧冬瓜

原料： 香菇 250 克，冬瓜 500 克，水淀粉、姜片、葱段、酱油、盐各适量。

做法：

1. 冬瓜去皮，切成片；香菇去蒂，洗净，切片，用开水焯熟。

2. 油锅烧热放入姜片、葱段煸炒，放入冬瓜片，翻炒片刻，加水、酱油。

3. 放入香菇片略炒，然后加盐调味，用水淀粉勾芡即可。

营养不长胖： 冬瓜和香菇低脂低热，富含膳食纤维，日常食用可减肥。

326 千焦 / 100 克

红豆薏米山药粥

红豆薏米山药粥润肠，促消化。

原料： 红豆、薏米各 50 克，山药 20 克，燕麦片适量。

做法：

1. 山药削皮，洗净切小块。

2. 红豆和薏米洗净后，放入锅中，加适量水，中火烧沸，煮 3 分钟，转小火，焖 30 分钟。

3. 将山药块和燕麦片倒入锅中，再次用中火煮沸后，转小火焖熟即可。

营养不长胖： 红豆和薏米都有排水利尿的作用，适合身体水肿者。

吃出美白

减肥期间如果营养摄入不足会使代谢能力下降，气血就会亏虚，无法正常消化食物，滞于脾胃就会引发黄褐斑、面色萎黄或是黑眼圈等"面如菜色"的现象。要想拥有白皙的肌肤就要减少暴晒，同时多吃可以美白的食物，保护皮肤细胞。

红枣

红枣含有多种维生素，生吃有抗氧化的作用，有利于美白肌肤，也可以用来煮粥，有"要使皮肤好，粥里加红枣"的说法。女性在月经期间，常有眼睛或四肢水肿的现象，此时不宜食用红枣。另外，红枣性温，体质燥热者也不宜多食。

牛奶

牛奶富含蛋白质，能为皮肤提供封闭性油脂，形成薄膜以防皮肤水分蒸发，从而使皮肤光滑润泽。牛奶中的乳清可以抑制黑色素沉积，淡化多种色素引起的斑痕。牛奶还有助眠作用，充足、优质的睡眠是最好的"美容剂"。牛奶宜用80℃左右的温度隔水加热，且不宜与各种果汁混合饮用。

杏仁

杏仁所含的脂肪能软化角质层，进而使皮肤红润有光泽。杏仁中蛋白质含量高，而且还含有膳食纤维，能降低胆固醇、促进肠道蠕动，保持体重。杏仁炒制后更容易被身体吸收，有抗衰老的效果。每天食用5~10颗杏仁就好，可在两餐之间食用。

丝瓜

丝瓜富含的维生素 C 有较强的抗氧化功效，长期食用，可抵抗自由基，美白、除皱。清炒、做汤时，丝瓜的营养不会受到影响。丝瓜宜现切现做，且烹制时应注意尽量保持清淡，可勾薄芡，令丝瓜发挥更好的美肤润肠作用。

推荐食谱

银耳红枣雪梨粥

159 千焦 /100 克

原料： 雪梨 200 克，泡发银耳 10 克，红枣 5 颗，大米 50 克，冰糖适量。

做法：

1. 泡发银耳洗净去蒂，撕成小块，在沸水中焯一下。

2. 雪梨洗净，切成小块；红枣去核，洗净；大米洗净，浸泡 30 分钟。

3. 锅置火上，放入大米和水，大火烧沸后放入银耳、红枣，小火煮 20 分钟，再放入雪梨块、冰糖略煮即可。

营养不长胖： 雪梨与红枣和银耳一起熬煮，能清肺润燥、美白养颜。

牛奶香蕉芝麻糊可镇静安神，促进美白。

牛奶香蕉芝麻糊

289 千焦 /100 克

原料： 牛奶 250 毫升，香蕉 1 根，玉米面、白糖、熟芝麻各适量。

做法：

1. 牛奶倒入锅中，加入玉米面和白糖，开小火，边煮边搅拌，煮至玉米面熟。

2. 将香蕉剥皮，用勺子压碎，放入牛奶糊中，再撒上熟芝麻即可。

营养不长胖： 牛奶香蕉芝麻糊能促进消化，缓解便秘。

杏仁芝麻茶

494 千焦 /100 克

原料： 杏仁、核桃仁各 25 克，牛奶 250 毫升，熟黑芝麻适量。

做法：

1. 杏仁、核桃仁与牛奶一起放入搅拌机中打匀。

2. 将打匀的杏仁核桃牛奶倒入碗中，放入沸水中隔水加热 5 分钟。

3. 最后取出，撒上熟黑芝麻即可。

营养不长胖： 杏仁芝麻茶富含不饱和脂肪酸，能润肠通便，抗皱去皱。

杏仁芝麻茶滋润肠道，通便。

吃走痘痘

痘痘是毛囊发炎的一种表现，也是一种慢性炎症，常发生于脸部、胸背部。出现痘痘后，最好采取简单的消炎措施，令痘痘自然愈合。在长痘期间，除了要保持情绪愉悦、规律作息外，在饮食方面宜多吃清淡排毒的食物，如银耳、草莓等。

草莓

草莓中的营养物质有助于排出皮肤毒素，使皮肤保持光洁。长期食用草莓有祛皱增白、保湿的效果，睡前饮用草莓汁，可缓解神经紧张，辅助刺激皮肤代谢，有助于美容。草莓直接食用或榨汁食用能保留草莓的营养，不会造成营养流失。

四季豆

四季豆豆荚中含有丰富的膳食纤维，能促进胃肠蠕动，清肠毒，而其富含的植物蛋白质也能降低体内胆固醇含量，进而平衡皮肤油脂的分泌。清炒能最大限度地保留四季豆的营养，烹饪时宜少放油，以免食用后刺激皮肤油脂分泌，加重痘痘。

葡萄

葡萄有"植物奶"的美誉，能起到紧致肌肤、延缓衰老的作用。葡萄籽中含有的多酚物质，抗氧化功效是维生素 E 的 50 倍，葡萄皮中的花青素也具有高效的抗氧化作用，葡萄生吃或榨汁时最好连皮一起，可以紧致皮肤，减少痘痘。

银耳

银耳中含有丰富的海藻糖、葡萄糖和甘露醇等成分，可以滋养皮肤角质层，令皮肤细腻有弹性。银耳中的多糖黏质必须经过熬煮才能析出，因此要想达到润肤、美白的效果，制作银耳汤是最佳的选择。银耳也可以在熬煮后打碎，制作成面膜，滋润效果也很好。

推荐食谱

280 千焦 /100 克

牛奶草莓西米露

牛奶草莓西米露富含膳食纤维和钙质。

原料： 西米 70 克，牛奶 250 毫升，草莓 3 个，蜂蜜适量。

做法：

1. 将西米放入沸水中煮到中间剩下个小白点，关火闷 10 分钟。

2. 将闷好的西米加入牛奶一起冷藏半小时。

3. 把草莓洗净切块，和牛奶西米拌匀，加入适量的蜂蜜调味即可。

营养不长胖： 牛奶草莓西米露营养丰富，还能增进食欲。

葡萄汁抗氧化，美容瘦身。

188 千焦 /100 克

葡萄汁

原料： 葡萄 50 克。

做法：

1. 将葡萄在清水中浸泡 5 分钟，然后洗净。

2. 将葡萄放入榨汁机内，加入温开水，榨成汁，过滤出汁液即可。

营养不长胖： 葡萄榨汁营养成分高，特别是可以连皮一起榨汁，能够充分保留葡萄皮中的花青素，可以抗氧化，紧致皮肤，减少痘痘。

---

129 千焦 /100 克

银耳樱桃粥

银耳樱桃粥低热量，不增重。

原料： 银耳 20 克，樱桃 4 颗，大米 40 克，冰糖、糖桂花各适量。

做法：

1. 银耳泡软，洗净，撕成片；樱桃洗净；大米洗净。

2. 锅中加适量清水，放入大米熬煮。

3. 待米粒软烂时，加入银耳和冰糖，稍煮，放入樱桃、糖桂花拌匀即可。

营养不长胖： 银耳樱桃粥营养丰富，可防治缺铁性贫血。

吃对缓解脱发、白发

　　头发伴有发质脆弱、枯黄或油腻的现象，继而会出现白发或者落发，这是肝肾不足、营养不良、精神压力大等内在因素的外在表现，需要多补充铜、钙、镁、锌、硒等矿物质，并多食富含胡萝卜素、维生素 E 和 B 族维生素的五谷果蔬。

核桃

　　核桃中含有丰富的磷脂，能增强细胞活力，对造血、促进皮肤细嫩和伤口愈合、促进毛发生长等都有重要作用。因此，生活中经常食用核桃，有助于乌发、润发。核桃油脂过多，吃多了容易上火，每天吃四五个核桃即可。

黑芝麻

　　黑芝麻有补肝肾、滋五脏、益精血、润肠燥的功效。五脏润、肠道通畅后，皮肤自然光洁、滋润。此外，黑芝麻中含有丰富的酪氨酸酶，能滋养头发和皮肤细胞，促进头发中黑色素的合成，有乌发、美肤的作用。黑芝麻所含的油脂多，每天以食用 50 克为宜。

黑米

　　黑米中维生素 B_1 含量较高，有利于新陈代谢，促进毒素排出。而且，黑米中的花青素具有很强的抗氧化活性和清除自由基的能力，有助于延缓衰老，能有效减少白发。黑米煮粥或打碎成米糊更利于营养物质的析出，也更容易被身体消化吸收。

黑豆

　　黑豆富含维生素 E 和 B 族维生素，能缓解因肾虚而造成的腰酸、脱发等症状，有明目、乌发、使皮肤白嫩等美容养颜的功效。黑豆中的黑豆红色素有明显的抗氧化作用，能清除体内自由基，滋阴养颜。黑豆可以和黄豆搭配一起制成豆浆，或是煲汤、煮粥，还可以炒食。

推荐食谱

180 千焦 /100 克

核桃仁紫米粥

核桃仁紫米粥可促进毛发生长。

原料：紫米、核桃仁各 50 克，枸杞子 10 克。

做法：

1. 紫米洗净，用清水浸泡 30 分钟；核桃仁拍碎；枸杞子拣去杂质，洗净。

2. 将紫米放入锅中，加适量清水，大火煮沸，转小火继续煮 30 分钟。

3. 放入核桃仁碎与枸杞子，继续煮至食材熟烂即可。

营养不长胖：核桃仁紫米粥能排出毒素，补血养血，促进毛发生长。

山药黑芝麻糊补肾，乌发润肤。

385 千焦 /100 克

山药黑芝麻糊

原料：山药 60 克，黑芝麻 50 克，白糖适量。

做法：

1. 黑芝麻洗净，小火炒香，研成细粉。

2. 山药放入干锅中烘干，打成细粉。

3. 锅内加适量清水，烧沸后将黑芝麻粉和山药粉放入锅内，同时放入白糖，不断搅拌，煮 5 分钟即可。

营养不长胖：山药黑芝麻糊补肾，适合肾虚者进补食用。

219 千焦 /100 克

红豆黑米糊

红豆黑米糊清除自由基，抗衰老。

原料：黑米 50 克，红豆 20 克，白糖适量。

做法：

1. 黑米、红豆分别洗净，浸泡 2 小时；红豆煮熟备用。

2. 把黑米以及红豆连同煮红豆的水一起放入豆浆机中，按下"米糊"键。

3. 食用前调入适量白糖即可。

营养不长胖：红豆利水除湿，黑米是滋补、抗衰老的佳品。

吃对改善手脚冰凉

很多人出现手脚冰凉都与冬季节食减肥有关，营养摄入不足会导致血虚、易疲劳、女性月经不调、情绪低落、手脚冰凉等症状。长期节食，会加速人体衰老，降低免疫力。这时应注意多摄入温补的食物，如韭菜、羊肉等，还应多参加适宜的体育运动、注意添加衣物等。

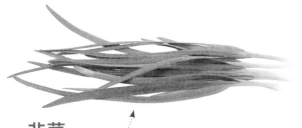

韭菜

韭菜中的膳食纤维可以促进胃肠蠕动，预防便秘。韭菜中的硫化物具有杀菌消炎的作用，有助于提高人体自身的免疫力，还利于气血的运行，从而增强人体的御寒能力，保持面色红润。

桂圆

桂圆富含葡萄糖、蔗糖及蛋白质，含铁量也较高，可促进血红蛋白再生，有补血安神、健脑益智、补养心脾的功效，并且有一定暖身效果，特别适合体质偏寒、容易手脚冰冷的人。与能补气血的红枣搭配煮食，暖身效果更好。

牛肉

牛肉富含铁元素，有助于预防缺铁性贫血，能补血养血、修复组织。牛肉富含的蛋白质还能提高机体的抗病能力。烹调牛肉时多采用炖、煮、焖等长时间加热的方法。

羊肉

羊肉具有很好的御风寒、补身体的作用。羊肉同猪肉相比，脂肪、胆固醇含量较低，多吃羊肉可以提高身体素质，提高抗疾病能力。羊肉经过炖制后，更加熟烂、鲜嫩，易于消化。如果在炖羊肉时加些萝卜、山药等蔬菜，滋补效果会更好。

推荐食谱

410 千焦/100 克

韭菜炒虾仁

韭菜炒虾仁润肠通便，养肾补气。

原料： 韭菜 200 克，虾仁 10 只，葱丝、姜丝、盐、料酒、高汤、香油各适量。

做法：

1. 虾仁洗净，去虾线，沥干水分；韭菜择洗干净，切段。

2. 油锅烧热，放入葱丝、姜丝炝锅，炒出香味后放虾仁煸炒 2 分钟，加料酒、盐、高汤稍炒。

3. 放入韭菜，大火炒 3 分钟，淋入香油炒匀即可。

营养不长胖： 韭菜炒虾仁能补肾润肠、补钙强身，改善手脚冰冷问题。

桂圆红枣炖鹌鹑蛋滋阴暖胃，养气补血。

578 千焦/100 克

桂圆红枣炖鹌鹑蛋

原料： 鹌鹑蛋 100 克，桂圆肉 3 个，红枣 4 颗，白糖适量。

做法：

1. 鹌鹑蛋煮熟，去壳；红枣、桂圆肉洗净。

2. 将鹌鹑蛋、红枣、桂圆肉放入炖盅，倒入适量温开水，隔水蒸熟，加白糖调味即可。

营养不长胖： 桂圆红枣炖鹌鹑蛋能温阳暖胃、大补气血、安神养心。

460 千焦/100 克

土豆烧牛肉

土豆烧牛肉补充蛋白质和铁。

原料： 牛肉 150 克，土豆 2 个，盐、酱油、葱段、姜片各适量。

做法：

1. 土豆去皮洗净，切块；牛肉洗净，切成滚刀块，放入沸水中余 2 分钟。

2. 油锅烧热，放入牛肉块、葱段、姜片煸炒出香味，加盐、酱油和适量水，汤沸时撇净浮沫，改小火炖约 1 小时，最后放入土豆块炖熟。

营养不长胖： 土豆烧牛肉能暖胃养身，强身健体，增强抵抗力。

附录

瘦身 8 大蔬菜

1 冬瓜
热量：43 千焦 /100 克

冬瓜中的丙醇二酸能有效抑制糖类转化为脂肪，且冬瓜本身热量很低，所以多吃些冬瓜不会变胖。

2 西红柿
热量：62 千焦 /100 克

维生素 C 和维生素 E 大量存在于熟透的西红柿中，制作果蔬汁时尽量选择熟透的西红柿。

3 黄瓜
热量：65 千焦 /100 克

黄瓜中钾元素含量丰富，能够消除水肿、驱赶倦意。黄瓜中同样含有丙醇二酸，能抑制糖类物质转变为脂肪。

4 白萝卜
热量：67 千焦 /100 克

白萝卜含有丰富的消化酶，有助于淀粉消化，提高肠胃的消化功能，从而达到减肥的目的。

5 白菜
热量：82 千焦 /100 克

白菜的热量和脂肪含量都极低，其富含的膳食纤维能起到润肠、排毒的作用，是减肥佳品。

6 苦瓜
热量：91 千焦 /100 克

苦瓜最大的特点就是苦，其含有苦瓜苷和奎宁，具有降低血糖、降低胆固醇、促进胃液分泌等功效。

7 芹菜
热量：93 千焦 /100 克

芹菜含有丰富的钙、钾和膳食纤维，有润肠通便、降血压和血糖等功效。芹菜叶中的胡萝卜素含量比茎多，榨汁时不要丢弃芹菜叶。

8 南瓜
热量：97 千焦 /100 克

南瓜富含维生素 C、维生素 E 和胡萝卜素，这三大抗氧化物质能够抑制体内自由基的产生。此外南瓜富含膳食纤维，能预防便秘。

瘦身 8 大水果

1 西瓜

热量：108 千焦 /100 克

西瓜在常见水果中是热量较低的水果，含有丰富的钾元素和西红柿红素，能利尿消水肿，降低血压。

2 木瓜

热量：121 千焦 /100 克

木瓜含有木瓜蛋白酶，可将脂肪分解为脂肪酸，帮助消化蛋白质，有利于人体对食物进行消化和吸收，达到减肥的目的。

3 草莓

热量：134 千焦 /100 克

草莓热量低，维生素 C 含量高，草莓中富含果胶，能够降低血液中的胆固醇含量，预防动脉硬化，消除因高血脂引起的肥胖。

4 葡萄柚

热量：138 千焦 /100 克

葡萄柚含有宝贵的天然维生素 P 和丰富的维生素 C 以及可溶性膳食纤维，能够保养皮肤，防止血管、细胞老化，加速新陈代谢。

5 哈密瓜

热量：143 千焦 /100 克

哈密瓜是甜瓜的一个变种，含有多种维生素，有利于人的心脏、肝脏以及肠道，促进内分泌和造血功能。

6 芒果

热量：146 千焦 /100 克

芒果中的维生素 C 能抑制黑色素形成，保持皮肤滋润。芒果富含的膳食纤维能促进肠胃蠕动，保持肠道健康。

7 柠檬

热量：156 千焦 /100 克

柠檬最大的特点就是酸，酸味成分主要是柠檬酸，能够促进新陈代谢，达到消除疲劳的作用。

8 菠萝

热量：182 千焦 /100 克

菠萝中含有丰富的菠萝蛋白酶，能够分解蛋白质，和肉类同食，能够促进消化，防止胃积食。

图书在版编目（CIP）数据

不用饿，吃对就能瘦 / 刘桂荣主编 . -- 南京：江苏凤凰科学技术
出版社，2019.11
（汉竹•健康爱家系列）
ISBN 978-7-5713-0185-9

Ⅰ.①不… Ⅱ.①刘… Ⅲ.①女性－减肥－食谱Ⅳ.① TS972.161

中国版本图书馆 CIP 数据核字 (2019) 第 052818 号

中国健康生活图书实力品牌

不用饿，吃对就能瘦

主　　　编	刘桂荣	
责 任 编 辑	刘玉锋	
特 邀 编 辑	李佳昕　张　欢	
责 任 校 对	郝慧华	
责 任 监 制	曹叶平　刘文洋	

出 版 发 行	江苏凤凰科学技术出版社
出版社地址	南京市湖南路 1 号 A 楼，邮编：210009
出版社网址	http://www.pspress.cn
印　　　刷	北京博海升彩色印刷有限公司

开　　　本	715 mm × 868 mm　1/12
印　　　张	15
字　　　数	150 000
版　　　次	2019 年 11 月第 1 版
印　　　次	2019 年 11 月第 1 次印刷

标 准 书 号	ISBN 978-7-5713-0185-9
定　　　价	39.80 元

图书如有印装质量问题，可向我社出版科调换。